U0357420

折纸中的几何练习

[印] T.桑达拉·罗（T.Sundara Row）著

杜莹雪　刘立娟 译

哈爾濱工業大學出版社
HARBIN INSTITUTE OF TECHNOLOGY PRESS

内容简介

通过折纸活动，分析留在纸张上的折痕，我们能够揭示出大量几何对象的性质，如轴对称、中心对称、全等、相似形等. 折纸过程还能够体现出许多几何概念和规律. 本书通过折纸活动介绍了多边形、级数、圆锥曲线、混合曲线等相关知识，适合中小学师生、大学师生及数学爱好者参考阅读.

图书在版编目(CIP)数据

折纸中的几何练习/(印)T. 桑达拉·罗(T. Sundara Row)著；杜莹雪，刘立娟译. —哈尔滨：哈尔滨工业大学出版社，2023.1

ISBN 978-7-5767-0190-6

Ⅰ. ①折… Ⅱ. ①T… ②杜… ③刘… Ⅲ. ①平面几何—普及读物 Ⅳ. ①O123.1-49

中国版本图书馆 CIP 数据核字(2022)第 110884 号

ZHEZHI ZHONG DE JIHE LIANXI

策划编辑　刘培杰　张永芹
责任编辑　刘家琳　张嘉芮
封面设计　孙茵艾
出版发行　哈尔滨工业大学出版社
社　　址　哈尔滨市南岗区复华四道街 10 号　邮编 150006
传　　真　0451-86414749
网　　址　http://hitpress.hit.edu.cn
印　　刷　辽宁新华印务有限公司
开　　本　720 mm×1 000 mm　1/16　印张 12.25　字数 117 千字
版　　次　2023 年 1 月第 1 版　2023 年 1 月第 1 次印刷
书　　号　ISBN 978-7-5767-0190-6
定　　价　48.00 元

序言

Sundara Row 的著作 *Geometrical Exercises in Paper Folding* 最先引起了我们的注意,它是 Klein 的著作 *Vorlesungen über ausgewählte Fragen der Elementargeometrie* 中的一篇参考文献,经过一系列复杂的程序,本书终于通过了审查,让我们看到了它毋庸置疑的优点,以及它对教师与学生在几何方面的潜在价值. 因此,我们向作者寻求出版该书的权限,最终获得了批准.

本书的写作目的在前言中会有详尽地叙述,这里我只想说,这本书必定会引起小学乃至大学教师的兴趣. 本书中所使用的方法新颖,结果易于推导,并能唤醒学生学习的积极性.

编辑在修订方面也做了很多工作. 例如,对一些证明进行了略微改动,在文献方面增加了一些内容,代替原稿的线条图,插入了很多实际照片的半色调复制图.

W. W. BEMAN

D. E. SMITH

◎前言

1. 本书的写作理念源于 Kindergarten Gift No. Ⅷ. —Paper-folding，它由两百张彩色正方形纸、一个文件夹、图解，以及折纸说明构成. 纸张的一面是彩色且光滑的；纸张也可以是单色的，两面相同. 事实上，任何厚度适中的纸张都可以达到目的，但是彩纸的折痕更明显，且更加具有吸引力. 本书开篇就介绍了如何从一张纸上裁出一个正方形，但是现成的正方形纸会更整齐且方便折叠.

2. 解答本书中的习题并不需要任何数学工具，需要的只是一把小刀、一些纸片，纸片可以用来等分线段，正方形纸可以替代直尺和 T 字尺.

3. 在折纸过程中有几个重要的几何过程比用圆规和直尺更容易达到目的，在欧氏几何中用到的工具只有圆规和直尺；例如，将线段或角二等分或更多等分，作已知直线的垂线和平行线. 然而通过折纸不能作出一个圆，但是能得到圆周上的一些点，其他曲线亦如此,或许可能通过其他方法来达到目的.本书中的习题不仅包含用直线来作图,还包括折纸,但需要适当的技巧.这在本书中是很常见的.

Kindergarten Gift 不仅会引起孩子们的兴趣,还培养了他们对科学和艺术的鉴赏能力.相反地,通过教授科学与艺术也可以培养孩子们的兴趣.特别地,对于几何学,它构成了科学与艺术的基础.利用 Kindergarten Gift 来教授平面几何是非常有意义的,通过折纸来教授小学生平面几何也是非常恰当的.这种方式更直观也更生动,比一些公理、命题更加具有说服力,不会让人产生质疑.以下谬论是不可能的.

5. 证明任一三角形都是等腰三角形.如图 1 所示,令$\triangle ABC$ 为任一三角形,Z 为 AB 的中点,且过点 Z 作 $ZO \perp AB$,CO 平分$\angle ACB$.

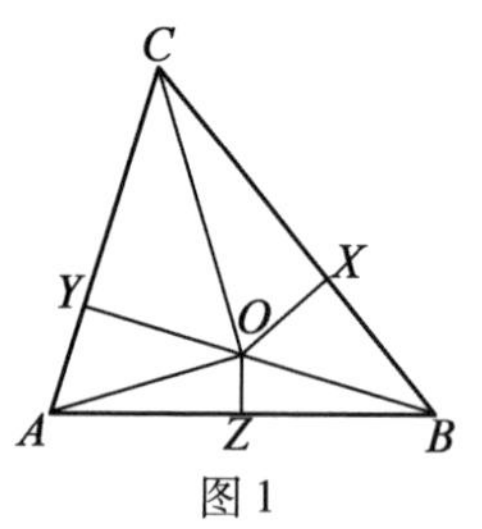

图 1

(1)若 CO 与 ZO 不相交,则 $CO \parallel ZO$.因此 $CO \perp AB$.故 $AC = BC$.

(2)假设 CO 与 ZO 交于一点 O.作 $OX \perp BC$,$OY \perp AC$,联结 OA,OB.由欧几里得 Ⅰ,26(Beman 与 Smith,§88,引理 7)[①],知$\triangle YOC \cong \triangle XOC$;又由欧几里得

① 见 Beman 与 Smith 所著的 *New Plane and Solid Geometry*, Boston, Ginn & Co. ,1899.

(Euclid) Ⅰ, 47 与 Ⅰ, 8 (Beman 与 Smith, §156, §79), $\triangle AOY \cong \triangle BOX$. 因此

$$AY + YC = BX + XC$$

即

$$AC = BC$$

图 2 为上述证明的折纸过程,任取一三角形,CO 与 ZO 在三角形的内部不相交.

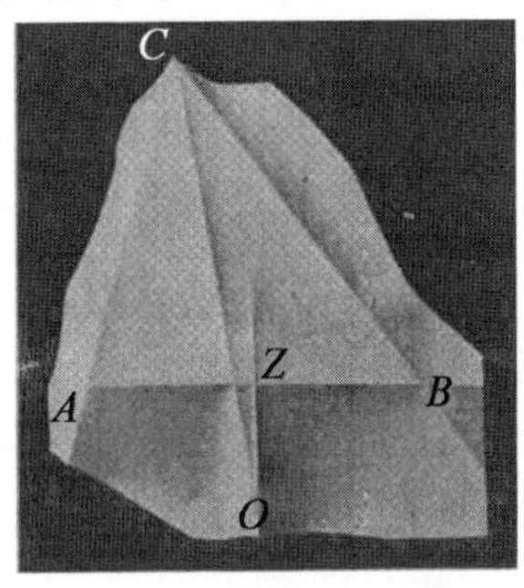

图 2

点 O 为 $\triangle ABC$ 外接圆上 $\overset{\frown}{AOB}$ 的中点.

6. 折纸对于我们来说并不陌生,我们可以将正方形纸片折成很多事物——小船、双面船、墨水瓶、杯碟,等等,也可以裁剪出很多优美的对称图形来作为装饰品. 在写作时,我们可以沿垂直或水平方向折叠纸张以保证行或列呈直线型. 在公共办公室复印信件时,通过垂直折叠纸张来获得均匀的边距. 在写作时,通常将长方形纸张对折,在引进机器切割信纸之前,信封的大小各异,最适合的尺寸通常是将纸张一分为二,一半用来写作,另一半用来折成信封. 这样做既方便,又有一定的保密性. 在教授欧几里得的第Ⅺ本书中,我们已经处理过三维折纸的问题,但折纸很少用于平面图形.

7. 我并不是要写一篇关于几何的论文或一本关于

几何的教材,而是要向大家阐明如何通过折纸来得到正多边形、圆以及其他一些曲线. 我借此机会向读者介绍了一些古代和现代几何学的著名问题,并说明了如何将代数与三角学的相关内容有利地应用于几何学,以便阐述不归入一类的科目.

8. 前 9 章主要介绍了欧几里得的前四本书中提到的正多边形折纸问题以及九边形的折叠问题. 以 Kindergarten Gift 中的正方形纸张为基础,其他正多边形问题已经在其基础上解决了. 第 1 章介绍了如何裁剪正方形,以及如何将它折成等腰直角三角形和正方形. 第 2 章阐述了如何以正方形的一边为边长作等边三角形. 第 3 章专门研究了毕达哥拉斯 Pythagoras 定理(Beman 与 Smith, §156),欧几里得第二本书中的一些命题,以及一些与之相关的拼图游戏,还介绍了给定底和高如何作出直角三角形,这无异于在具有给定直径的圆上寻找点.

9. 第 10 章介绍了算术级数、几何级数、调和级数,以及如何对特定的算术级数进行求和. 在处理级数的过程中,我们得到了一个由线段的长度构成的渐近级数. 一张长方形的正方形纸片是一个算术级数的例证. 对于直角三角形的几何性质,斜边上的高将斜边分为两部分,高线为这两部分的比例中项(Beman 与 Smith, §270),且任意一条直角边是其在斜边的投影与斜边的比例中项,也介绍了与之相关的倍立方(提洛)问题. 在解决调和级数的过程中,以下事实经常被用到:三角形一内角与对应外角的平分线将对边分成的比率与三角形另两边的比率相同,这提供了一种有趣的图形方法来解释对合系统. 自然数之和以及它们的立方和可以通过图形法来获得，其他级数的和也可以由此推出.

10. 第 11 章主要介绍了正多边形的一般原理，以及圆周率 π 的计算. 本章中的命题是十分有趣的.

11. 第 12 章阐述了后面几章中将要用到的一般原则——图形的共轭、对称、相似性、直线共点，以及点共线.

12. 第 13 与第 14 章主要介绍了圆锥曲线与其他一些有趣的曲线. 关于圆，叙述了它的调和性质，阐述了反演与共轴圆的相关理论，也叙述了如何通过折纸来得到其他一些曲线. 在这两章中还介绍了一些曲线的来历，以及如何利用这些曲线来解决一些古典问题，如何确定两已知线段的两个比例中项，如何三等分一直角. 尽管曲线的相关性质涉及一些高等数学的知识，但它的起源很容易理解且非常有趣.

13. 我不仅努力帮助学校开展几何教学工作，而且还将其作为年轻人与老人的数学娱乐活动，以一种有趣且经济实惠的形式展现出来. 像我这样的“老男孩”，发现这本书对于回顾他们的旧课程是很有用的，也可窥探现代教学的发展，尽管这些方法非常有趣且有吸引力，但往往却被大学教师所忽略.

T. SUNDARA ROW

MADRAS, INDIA, 1893

目录

第1章 正方形

1. 取一张纸平放在桌子上,纸的上面是一个平面,而纸的下面与桌子接触,它也是一个平面.

2. 纸张的两面材质不同. 由于材料很薄,纸的侧面没有明显的宽度,且纸的边缘呈直线型. 这两个表面虽然是不同的,但却是不可分割的.

3. 如图3所示,在不规则纸片上,通过折叠可以得到一矩形 $ABCD$. 让我们按照图示进行操作.

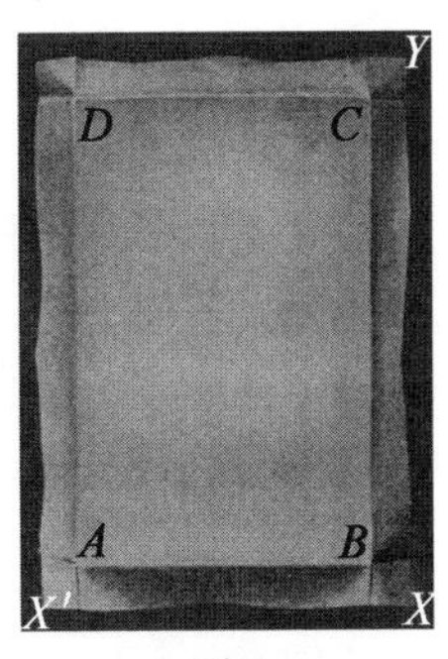

图3

4. 将不规则纸片放置在桌子上,将其折叠. 沿边缘折叠得折痕 $X'X$,它是一条直线. 用小刀沿折痕 XX' 将边缘裁剪下来,则我们得到一条直边.

5. 按上述方法沿 BY 进行折叠,展开后我们看到折痕 BY 垂直于边 $X'X$. 由叠加关系,显然 $\angle YBX' = \angle XBY$. 现在,用小刀沿第二条折痕 BY 将边缘裁剪掉.

6. 重复上述过程,可得边 CD,DA. 由叠加关系,显然 $\angle A = \angle B = \angle C = \angle D$,且都是直角,$BC = DA$,$AB = CD$.

7. 通过取一张更大的纸,并量出 AB,BC 的长度. 我们可以在其上折叠出一个与图 3 中矩形 $ABCD$ 等大小的矩形.

8. 图 3 中的四边形称为矩形. 由叠加关系可以证明:(1)四个角都相等且是直角. (2)四条边不全相等. (3)两条长边相等,两条短边也相等.

9. 取一张长方形纸片 $A'B'CD$,如图 4 所示,倾斜地折叠,使得短边 CD 落在长边 DA' 上. 沿直线 AB 折叠,并将重叠部分 $A'B'BA$ 裁掉. 把这张纸展开,我们发现 $ABCD$ 现在是一个正方形,也就是说,四个角都是直角,且四条边相等的四边形为正方形.

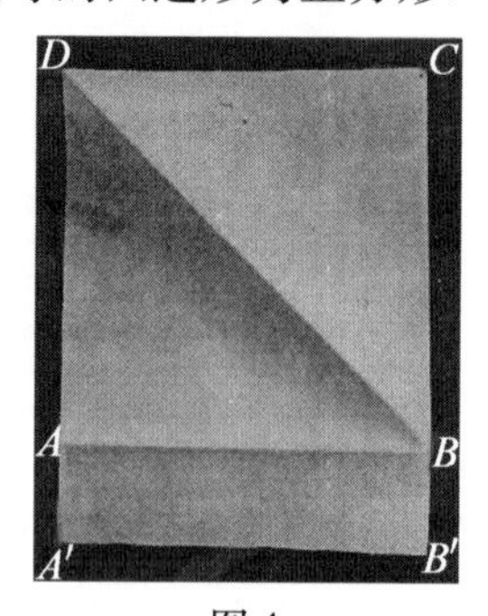

图 4

10. 图 4 中过点 B, D 的折痕称为正方形的一条对角线. 另一条对角线可通过沿正方形的另外两顶点折叠而得到,如图 5 所示.

图 5

11. 正方形的两条对角线相互垂直且平分.

12. 正方形两条对角线的交点称为中心.

13. 正方形的每条对角线把正方形分成两个全等的等腰直角三角形,其顶点在对角上.

14. 正方形的两条对角线把正方形分成 4 个全等的等腰直角三角形,其中 4 个等腰直角三角形的顶点为正方形的中心.

15. 如图 6 所示,将正方形 $ABCD$ 对折,使得边 BC 与 AD 重合,折痕为 EF,EF 经过正方形 $ABCD$ 的中心 O. (1) 折痕 EF 垂直且平分正方形 $ABCD$ 的另外两条对边 AB 与 CD. (2) 折痕 EF 平行于边 BC 与 AD. (3) 中心 O 二等分折痕 EF. (4) 折痕 EF 将正方形 $ABCD$ 分成两个全等的矩形. (5) 沿 EF 折叠所形成的矩形与沿对角线 AC 折叠所形成的三角形面积相等.

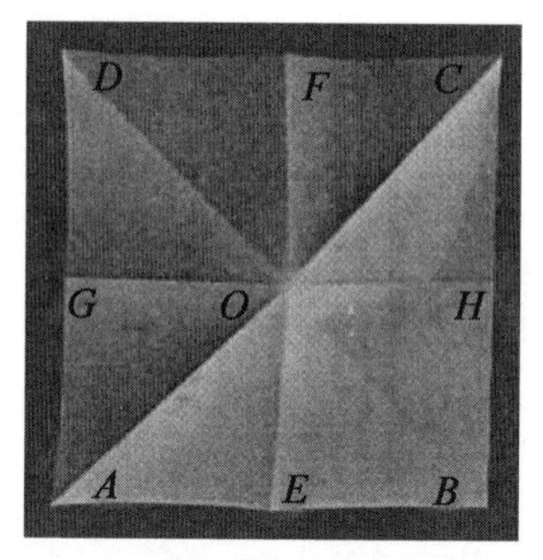

图 6

16. 按 §15[①] 中的方法对折正方形 $ABCD$，使边 AB 与 CD 重合，折痕为 GH. 则折痕 EF 与 GH 将正方形 $ABCD$ 四等分.

17. 过正方形 $ABCD$ 相邻两边的中点分别折叠并展开，则所形成的四条折痕构成一个内接于正方形 $ABCD$ 的小正方形 $EHFG$(图 7).

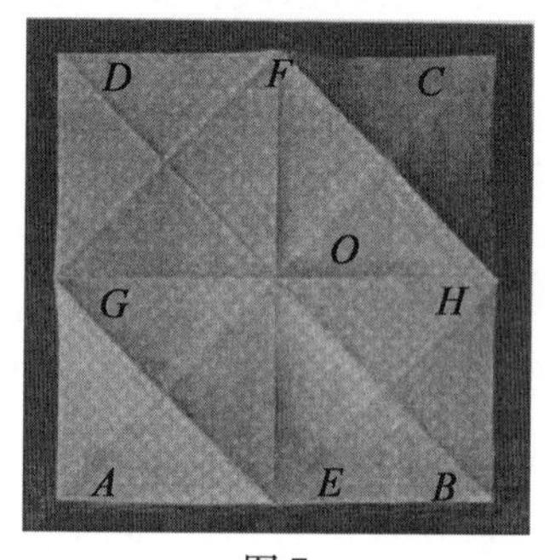

图 7

18. 正方形 $EHFG$ 的面积等于正方形 $ABCD$ 面积的一半，且这两个正方形的中心相同.

19. 通过联结正方形 $EHFG$ 的四边中点，我们又得

① §15 为 15 中所述内容，后面以此类推.

到一个小正方形,它的面积等于正方形 *ABCD* 面积的 $\frac{1}{4}$(图8). 重复上述过程,我们能够得到很多小正方形,它们的面积分别是正方形 *ABCD* 面积的

$$\frac{1}{2},\frac{1}{4},\frac{1}{8},\frac{1}{16},\cdots$$

即

$$\frac{1}{2},\frac{1}{2^2},\frac{1}{2^3},\frac{1}{2^4},\cdots$$

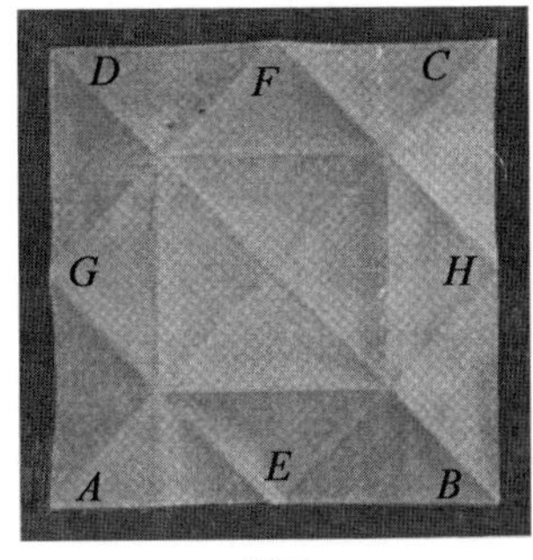

图8

每个小正方形的面积是其外接大正方形面积的一半,也就是说,从每个正方形切下的四个三角形的面积之和是其面积的一半. 所有这些三角形的数量无论怎样增加,其面积之和也不会超过正方形 *ABCD* 的面积,且这些三角形合并在一起即构成了正方形*ABCD*.

因此$\frac{1}{2}+\frac{1}{2^2}+\frac{1}{2^3}+\cdots+\frac{1}{2^n}+\cdots=1$.

20. 正方形的中心亦为其外接圆和内切圆的中心. 内切圆与正方形切于其四边中点,这四个切点到中心的距离比正方形上其他任意一点到中心的距离都短.

21. 过正方形中心除对角线外的任意一条折痕可

以将正方形分成两个全等的梯形. 过正方形中心且垂直于第一条折痕的折痕将正方形分成 4 个全等的四边形,其中四边形有两个对角是直角. 这 4 个四边形都是共圆的,且每一个四边形顶点都位于其圆周上.

第2章 等边三角形

22. 如图9所示,取一张正方形纸片,对折,得到折痕CC',这条折痕垂直且平分正方形纸片的两条对边.在折痕CC'上任取一点O,沿点O,A;O,B分别折叠,则得一等腰$\triangle AOB$,其中AB为正方形纸片的一边.

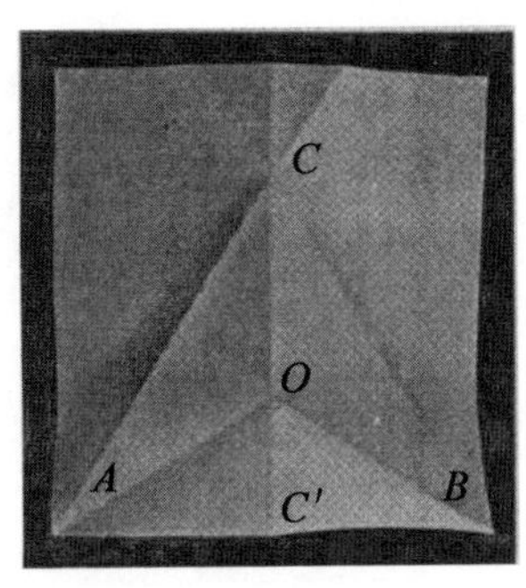

图9

23. 中线OC'将等腰$\triangle AOB$分为两个全等的直角三角形.

24. OC'平分$\angle AOB$.

25. 如图10所示,在折痕CC'上取一点C,使得

$$AC = BC = AB$$

则得一等边$\triangle ABC$. 点 C 的选取可通过如下方式:过点 A 折叠纸片,使点 B 落在折痕 CC' 上,则将点 B 当前所在的位置记为点 C. 在折叠过程中亦可得折痕 AA'.

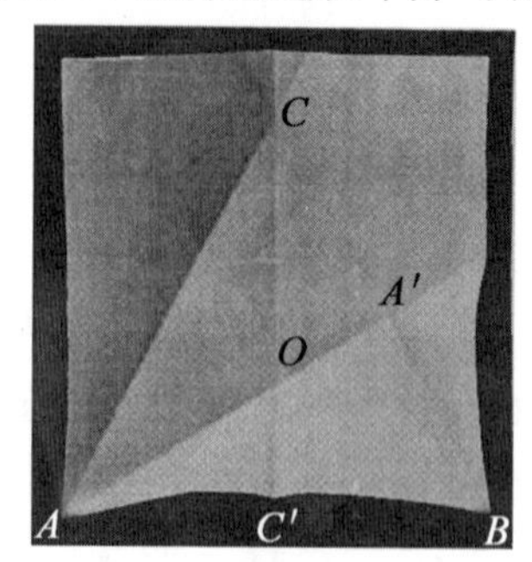

图 10

26. 通过等边三角形各顶点进行折叠,使得相邻两边相重合,即得$\triangle ABC$ 的三条高线 AA',BB',CC'(图 11).

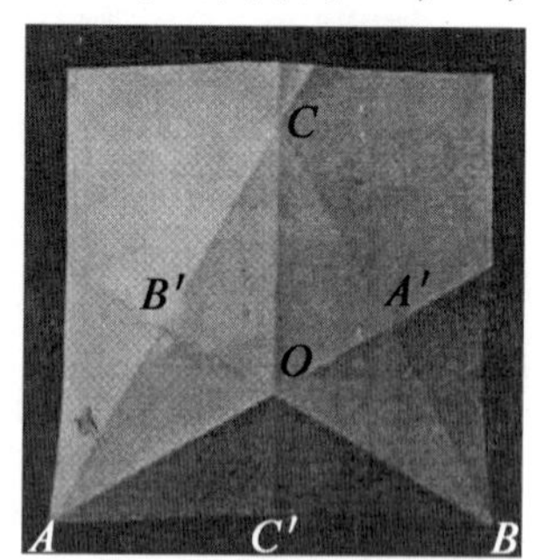

图 11

27. 任意一条高线将$\triangle ABC$ 分成两个全等的直角三角形.

28. 高线 AA',BB',CC'分别平分直角三角形的边 BC,AC,AB.

29. 三条高线交于一点.

30. 令高线 AA',CC'交于一点 O,延长 BO 交 AC 于

点 B',可以证明 BB'为第三条高线. 由$\triangle C'OA$,$\triangle A'OC$可知 $OC' = OA'$;由$\triangle OC'B$,$\triangle A'OB$知,$\angle OBC' = \angle A'BO$;由$\triangle ABB'$,$\triangle CB'B$知,$\angle AB'B = \angle BB'C = 90°$. 这就是说,$BOB'$为等边$\triangle ABC$的高线,$B'$为 AC 的中点.

31. 如上所述,可以证明 $OA = OB = OC$,且 $OA' = OB' = OC'$.

32. 以点 O 为圆心,过点 $A,B,C;A',B',C'$可以分别作圆. 过点 A',B',C'的圆内切于$\triangle ABC$.

33. 过点 O 可将$\triangle ABC$ 分成 6 个全等的直角三角形,且

$$\angle AOC' = \angle BOC' = \angle COA' = \angle BOA' = \angle COB' = \angle AOB'$$

也可将等边$\triangle ABC$ 分成 3 个全等且对称的内接四边形.

34. 由$\triangle AOC$ 的面积是$\triangle A'OC$ 的面积的二倍,因此

$$AO = 2OA'$$

类似可得

$$BO = 2OB',CO = 2OC'$$

因此$\triangle ABC$ 外接圆的半径是内切圆半径的 2 倍.

35. AO,AC 三等分正方形的 $\angle A$($\angle A = 90°$),$\angle BAC = \frac{2}{3} \times 90°$,$\angle C'AO = \angle OAB' = \frac{1}{3} \times 90° = 30°$. 对于$\angle B$,$\angle C$ 也有类似的结论.

36. 过点 O 的 6 个角都等于$\frac{2}{3} \times 90° = 60°$.

37. 如图 12 所示,沿 $A'B'$,$B'C'$,$C'A'$ 折叠,则$\triangle A'B'C'$构成一个等边三角形. $\triangle A'B'C'$的面积是$\triangle ABC$ 的面积的$\frac{1}{4}$.

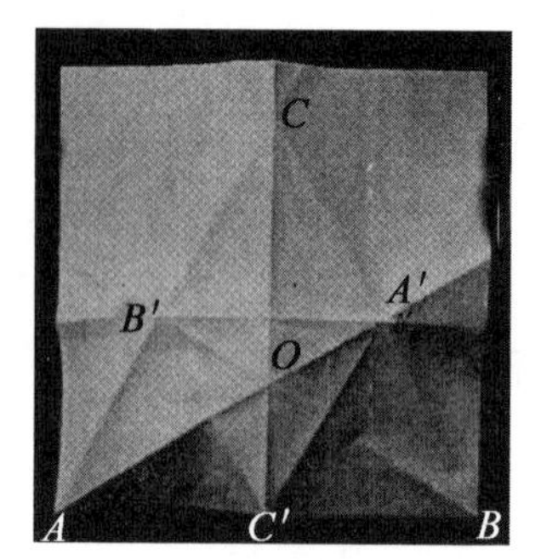

图 12

38. $A'B'$, $B'C'$, $C'A'$分别平行于 AB, BC, CA,且 $A'B'=\frac{1}{2}AB$, $B'C'=\frac{1}{2}BC$, $A'C'=\frac{1}{2}AC$.

39. 四边形 $AC'A'B'$是一个菱形,四边形 $C'BA'B'$,四边形 $CB'C'A'$亦为菱形.

40. $A'B'$, $B'C'$, $C'A'$平分对应的高线.

41. $$CC'^2+AC'^2=CC'^2+\frac{1}{4}AC^2=AC^2$$

所以
$$CC'^2=\frac{3}{4}AC^2$$

因此
$$CC'=\frac{1}{2}\sqrt{3}\cdot AC=\frac{1}{2}\sqrt{3}\cdot AB=0.866\cdots\cdot AB$$

42. $\triangle ABC$ 的面积等于以 AC'为宽,CC'为长的矩形的面积,也就是说
$$\frac{1}{2}AB\cdot\frac{\sqrt{3}}{2}\cdot AB=\frac{\sqrt{3}}{4}\cdot AB^2=0.433\cdots\cdot AB^2$$

43. $\triangle AC'C$ 的三个内角的度数之比为 1:2:3,三条对应边之比为$\sqrt{1}:\sqrt{3}:\sqrt{4}$.

第3章 正方形与长方形

44. 如图 13 所示,折叠已知的正方形.这就提供了勾股定理的著名证明. $\triangle FGH$ 为直角三角形,$FH^2 = FG^2 + GH^2$.

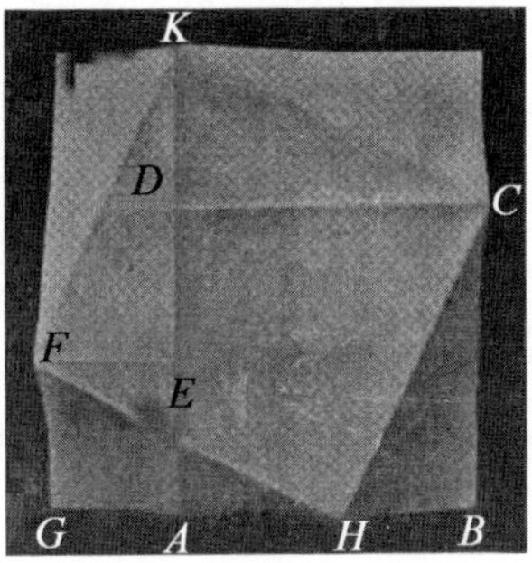

图 13

$$S_{\square FA} + S_{\square DB} = S_{\square FC}$$

($S_{\square FA}$表示正方形 FA 的面积,下同)

易证四边形 FC 是一个正方形,且 $\triangle FGH$,$\triangle HBC$,$\triangle KDC$,$\triangle FEK$ 全等.

从正方形 FA 与正方形 DB 上裁剪下 $\triangle FGH$,$\triangle HBC$,将这两个三角形分别放置在$\triangle FEK$,$\triangle KDC$ 上,我们就构造出正方形 $FHCK$.

若 $AB = a$,$GA = b$,$FH = c$,则 $a^2 + b^2 = c^2$.

45. 如图 14 所示，折叠已知的正方形. 矩形 AF，BG，CH 与 DE 全等，并且构成这四个矩形的三角形也全等，即

$$\triangle DMN \cong \triangle ENM \cong \triangle FKN \cong \triangle ANK \cong$$
$$\triangle GLK \cong \triangle BKL \cong \triangle CLM \cong \triangle HML$$

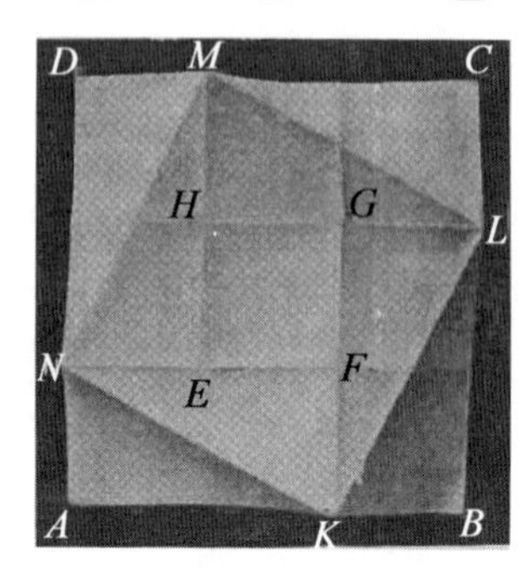

图 14

四边形 $EFGH$，$KLMN$ 都是正方形.

令 $AK=a$，$KB=b$，且 $NK=c$，则

$$a^2+b^2=c^2$$

换句话说

$$S_{\square KLMN}=c^2, S_{\square ABCD}=(a+b)^2$$

现在，正方形 $ABCD$ 由正方形 $KLMN$ 及 $\triangle AKN$，$\triangle BLK$，$\triangle CML$，$\triangle DNM$ 构成.

以上四个三角形拼接在一起构成两个矩形（例如，矩形 NK），即面积之和等于 $2ab$.

因此 $(a+b)^2=a^2+b^2+2ab$.

46. $EF=a-b$，且 $S_{\square EFGH}=(a-b)^2$.

从正方形 $KLMN$ 上裁剪下 $\triangle FNK$，$\triangle GKL$，$\triangle HLM$

与$\triangle EMN$,即得正方形$EFGH$.

上述四个三角形可以构成两个矩形,换句话说,它们的面积之和等于$2ab$. 所以

$$(a-b)^2=a^2+b^2-2ab$$

47. 正方形$ABCD$由正方形$EFGH$及四个矩形AF,BG,CH,DE构成. 所以

$$(a+b)^2-(a-b)^2=4ab$$

48. 如图15所示,正方形$ABCD$的面积等于$(a+b)^2$,正方形$EFGH$的面积等于$(a-b)^2$. 正方形$AKGN$的面积等于正方形$ELCM$的面积,即a^2. 正方形$KBLF$的面积等于正方形$NHMD$的面积,即b^2.

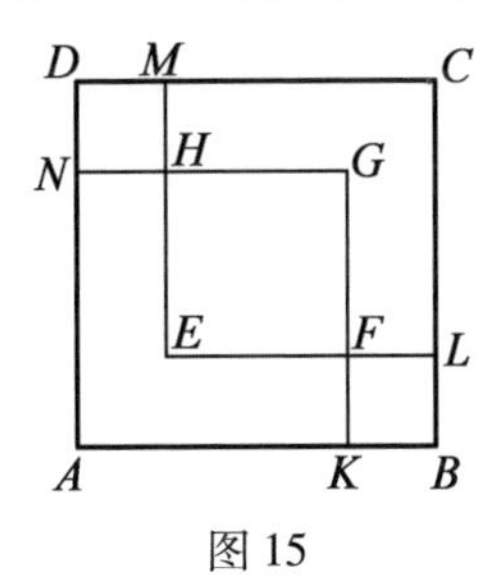

图15

正方形$ABCD$与正方形$EFGH$的面积之和等于正方形$AKGN,ELCM,KBLF,NHMD$的面积之和,即2倍的正方形$AKGN$与2倍的正方形$KBLF$的面积之和,亦即

$$(a+b)^2+(a-b)^2=2a^2+2b^2$$

49. 如图16所示,矩形PL的面积等于$(a+b)(a-b)$.

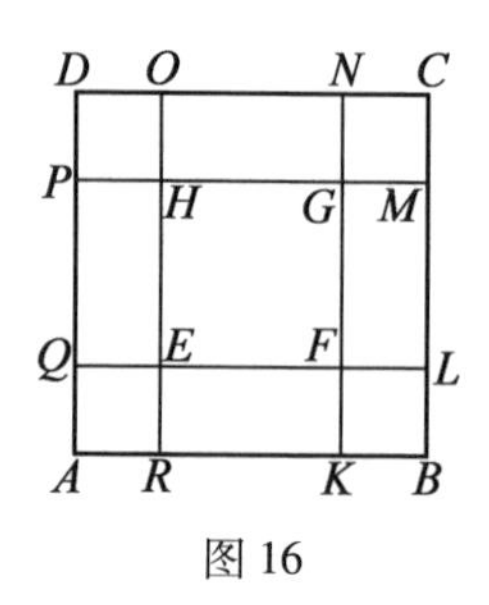

图 16

因为

$$矩形\ EK\ 的面积 = 矩形\ FM\ 的面积$$

所以

矩形 PL 的面积 = 正方形 PK 的面积 - 正方形 AE 的面积

也就是说

$$(a+b)(a-b)=a^2-b^2$$

50. 如图 17 所示，过已知正方形 $ABCD$ 的对角线可以作许多正方形，例如，正方形 $AB'C'D'$，这些正方形具有一个共同的直角，联结 AE，AF，其中点 E，F 分别为边 BC，CD 的中点，则 AE，AF 过所有内部正方形对应边的中点，AE，AF 分别与对角线 AC 所形成的夹角相等，即 $\angle EAC=\angle FAC$，且对于所有的正方形来说，角的大小恒定. 因此，内部小正方形对应边的中点必在 AE，AF 上.

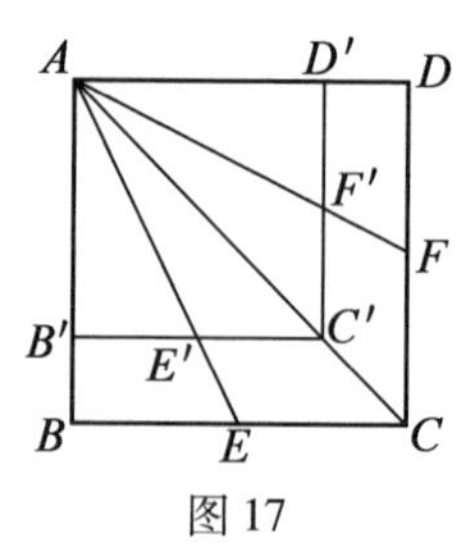

图 17

51. 通过折叠我们可以获得正方形 $ABCD$(图18). 在 AB 上取一点 X,使得 $AB \cdot XB = AX^2$.

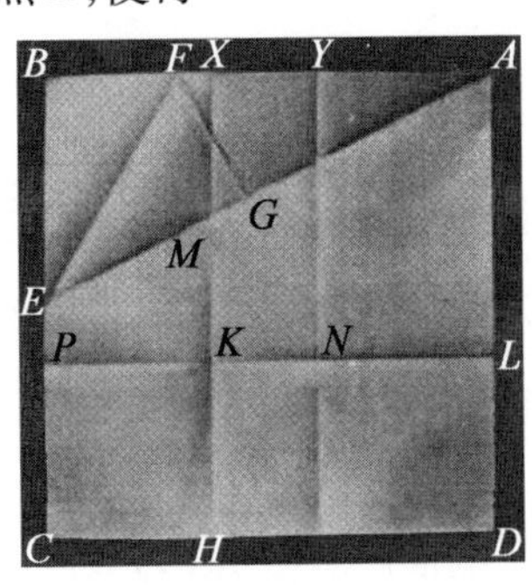

图18

对折边 BC,得中点 E.

过点 E,A 折叠,得到折痕 EA.

沿点 E 将 BE 向 EA 对折,折痕为 EF,且点 G 使得 $EG = EB$.

取 $AX = AG$,则 $AB \cdot XB = AX^2$.

如图18所示,通过折叠可以得到矩形 $BCHX$ 与正方形 $AXKL$.

令 XH 与 EA 交于点 M,取 $FY = FB$. 则 $FB = FG = FY = XM$,且 $XM = \frac{1}{2}AX$.

现在,点 F 平分 BY,且

$$\begin{aligned} AB \cdot AY + FY^2 &= AF^2 \quad (\text{由 §49}) \\ &= AG^2 + FG^2 \quad (\text{由 §44}) \end{aligned}$$

所以 $AB \cdot AY = AG^2 = AX^2$. 但是

$$AX^2 = 4 \cdot XM^2 = BY^2$$

所以

$$AX = BY, AY = XB$$

因此 $$AB \cdot XB = AX^2$$
即点 X 黄金分割 AB[①].

同理 $$AB \cdot AY = BY^2$$
也就是说,点 Y 黄金分割 AB.

52. 以点 F 为中心可以画一个圆,点 B,G,Y 为圆周上的三个点. 因为 FG 是过点 F 到直线 EGA 的最短距离,则圆 F 与 EA 相切于点 G.

53. 因为

矩形 BH 的面积 = 正方形 $PNYB$ 的面积

上式两边同时减掉矩形 BK 的面积,我们得到

矩形 $XKNY$ 的面积 = 正方形 $CHKP$ 的面积

即 $$AX \cdot YX = AY^2$$
亦即点 Y 为 AX 的黄金分割点.

类似地,点 X 为 BY 的黄金分割点.

54. 因为 $$AB \cdot XB = AX^2$$
所以

$$\begin{aligned} 3AB \cdot XB &= AX^2 + BX \cdot BC + CD \cdot CP \\ &= AB^2 + BX^2 \end{aligned}$$

55. 矩形 BH 的面积 = 矩形 YD 的面积 $= AB \cdot XB$, 矩形 HY 的面积 + 正方形 CK 的面积 $= AX^2 = AB \cdot XB$.

56. 矩形 HY 的面积 = 矩形 BK 的面积,即 $AX \cdot XB = AB \cdot XY$.

---

① 见 Beman 与 Smith 的 *New Plane and Solid Geometry*, p. 196.

57. 矩形 HN 的面积 $=AX\cdot XB-BX^2$.

58. 令 $AB=a,XB=x$. 则

$$(a-x)^2=ax\quad(\text{由 §51})$$

$$a^2+x^2=3ax\quad(\text{由 §54})$$

所以 $$x^2-3ax+a^2=0$$

且 $$x=\frac{a}{2}(3-\sqrt{5})$$

所以 $$x^2=\frac{a^2}{2}(7-3\sqrt{5})$$

因此 $$a-x=\frac{a}{2}(\sqrt{5}-1)=a\cdot 0.618\,0\cdots$$

即 $$(a-x)^2=\frac{a^2}{2}(3-\sqrt{5})=a^2\cdot 0.381\,9\cdots$$

$$\text{矩形 } BPKX \text{ 的面积}=(a-x)x=a^2(\sqrt{5}-2)$$
$$=a^2\cdot 0.236\,0\cdots$$

$$EA^2=5EB^2=\frac{5}{4}AB^2$$

$$EA=\frac{\sqrt{5}}{2}AB=a\cdot 1.118\,0\cdots$$

59. 由比例公式

$$AB:AX=AX:XB$$

则 AB 被“中末比”(extreme and mean ratio)分割.

60. 令点 X 为 AB 的黄金分割点. 如图 19 所示,作矩形 $CBXH$,直线 MNO 二等分矩形 $CBXH$,过点 X 折叠 AX,使得点 A 落在 MO 上,即确定了点 N 的位置,沿 XN,NB,NA 折叠,则△BAN 为等腰三角形,且

$$\angle ABN=\angle BNA=2\angle NAB$$

$$AX = XN = NB$$
$$\angle ABN = \angle NXB$$
$$\angle NAX = \angle XNA$$
$$\angle NXB = 2\angle NAX$$
$$\angle ABN = 2\angle NAB$$
$$\begin{aligned} AN^2 &= MN^2 + AM^2 \\ &= BN^2 - BM^2 + AM^2 \\ &= AX^2 + AB \cdot AX \\ &= AB \cdot XB + AB \cdot AX = AB^2 \end{aligned}$$

所以
$$AN = AB$$

且
$$\angle NAB = \frac{2}{5} \times 90° = 36°$$

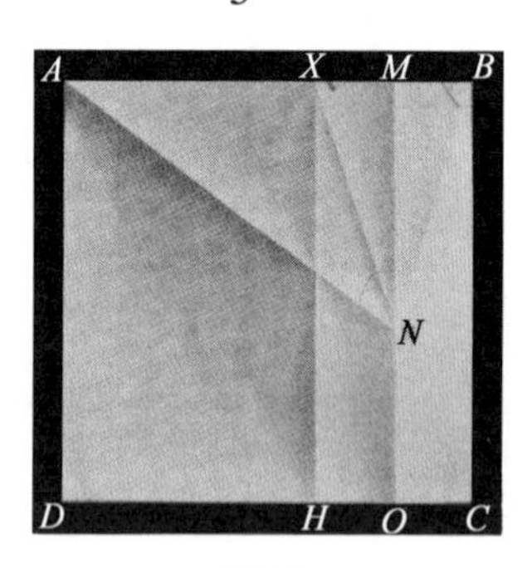

图 19

61. 如图 20 所示,将$\angle DAB$五等分. 其中点N'由§60 中所使用的方法确定. 将边$AN'Q$对折到边AB,通过折叠将$\angle QAB$二等分,沿对角线AC折叠,即得对应点Q',P'.

图 20

62. 已知斜边 AB 及其高线可作一直角三角形.

如图 21 所示,作平行于 AB 的折痕 EF,其中 AB 与 EF 间的距离等于 BF.

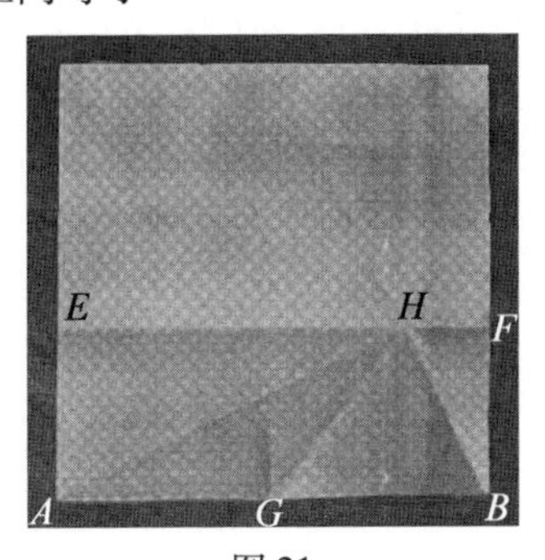

图 21

取 AB 的中点 G,过点 G 折叠 GB,使得点 B 落在 EF 上,即确定一点 H.

过点 H 与 A,G,B 分别折叠.

$\triangle AHB$ 即为所求的直角三角形.

63. 已知矩形 $ABCD$(图 22). 试确定一正方形,使得该正方形的面积等于矩形 $ABCD$ 的面积.

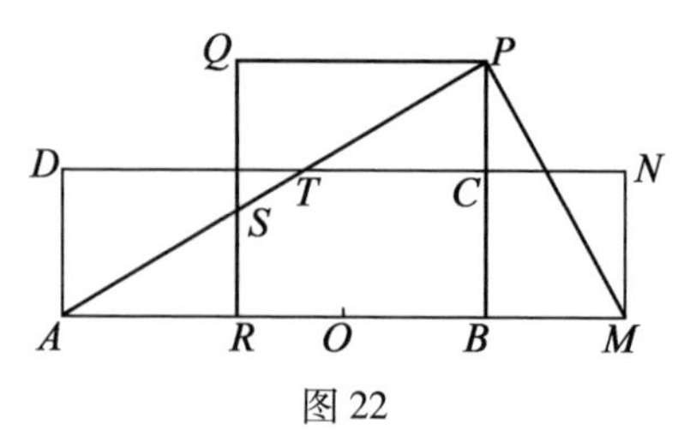

图 22

作 $BM = BC$.

通过折叠,确定 AM 的中点 O.

过定点 O 折叠 OM,使得点 M 落到直线 BC 上,即确定一点 P,它是 Rt$\triangle AMP$ 的一个顶点.

以 PB 为边作正方形 $BPQR$,则正方形 $BPQR$ 的面积等于矩形 $ABCD$ 的面积.

因为 $\begin{cases} BP = QP \\ \angle PBM = \angle Q \\ \angle BPM = \angle QPS \end{cases}$

所以 $\triangle BMP \cong \triangle QSP$

所以 $QS = BM = AD$

因此 $\triangle DAT \cong \triangle QSP$

故 $PC = SR, \triangle RSA \cong \triangle CPT$

因此,矩形 $ABCD$ 被分成三部分,即 $\triangle RSA$, $\triangle DAT$,五边形 $RBCTS$,将这三部分重新组合,即得正方形 $RBPQ$.

64. 取四个等大的正方形,并沿它们一边中点与对边一顶点,分别将正方形一分为二. 另取一等大的正方形,将裁剪出来的八块按如图 23 所示的方法拼接在

该正方形四周，即得一个大正方形. 这是一个非常有趣的拼图游戏.

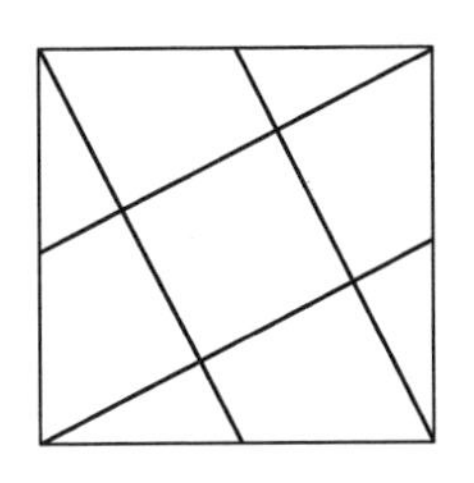

图 23

如果第五个正方形也像前四个正方形一样裁剪，那么这个拼图游戏就更复杂了.

65. 如图 24 所示，取 10 个小正方形，沿一边的三等分点与对边一顶点分别将这些小正方形分割，将这些碎片重新组合，亦可得到一个大正方形.

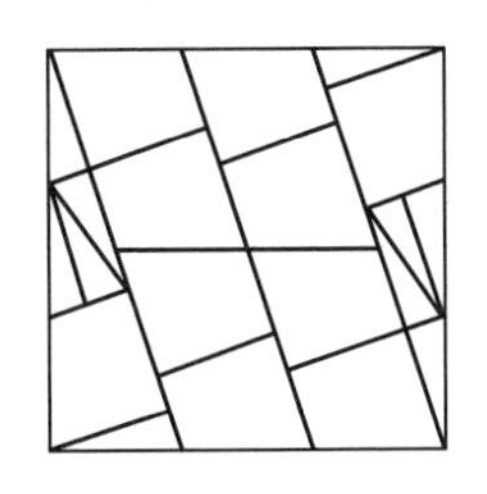

图 24

66. 沿正方形一边的三等分点与对边顶点将正方形一分为二的裁剪方法有两种. 按如图 24 所示的分割方法，我们只需 10 个小正方形即可拼接成一个大正方形. 而按照如图 25 所示的分割方法，则需要 13 个小正方形.

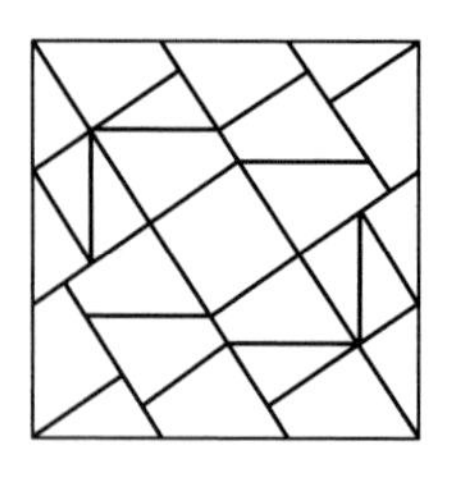

图 25

67. §65, §66 中所提到的拼图游戏,以下述公式为基础

$$1^2+2^2=5$$
$$1^2+3^2=10$$
$$2^2+3^2=13$$

这个过程可以继续进行下去,但是所需的小正方形的个数需要增加.

68. 让我们重新考虑 §44 中的图 13. 若去掉大正方形顶点处的四个直角三角形,则得到正方形 $KFHC$. 若从大正方形上裁剪下矩形 FK 与矩形 KC,则得两个并置的正方形.

69. 我们可以将已知正方形重新分割,使得分割后的各部分重新组合,构成两个正方形,其方法不唯一. 如 §64 中图 23 所示,可采用如下简洁的方法. 所需要的材料为:(1)中心处的正方形.(2)顶点处的四个全等且对称的四边形以及四个三角形. 图 23 边缘的四条线段是已知小正方形的中点与对边顶点的连线,中间的小正方形的面积是大正方形的面积的$\frac{1}{5}$. 通过取已知正方形上的其他点而非顶点,可以改变内部正方形

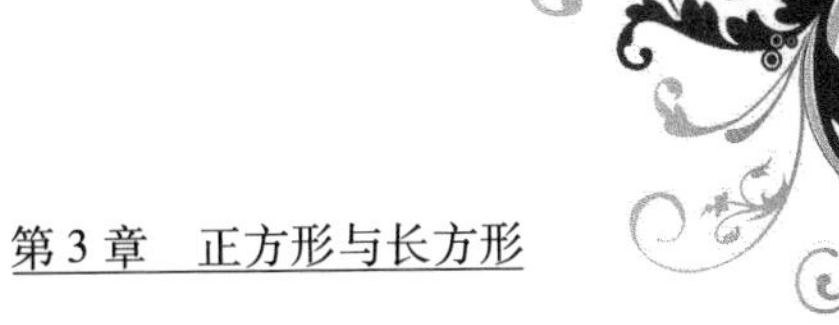

的大小.

70. 如图 26 所示,将正方形 $ABCD$ 分成三个相等的小正方形:

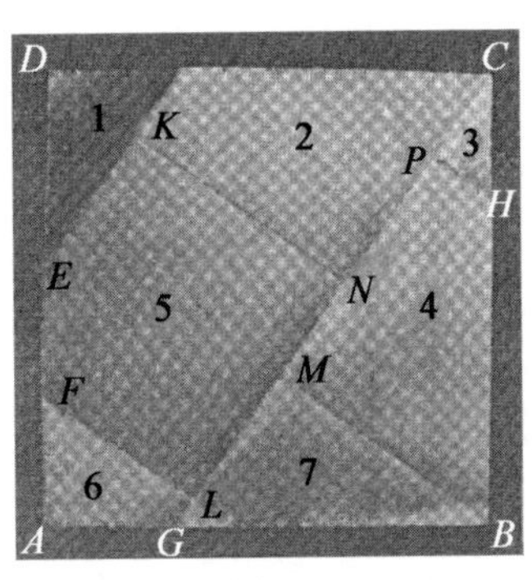

图 26

取 BG 为正方形 $ABCD$ 的对角线长度的一半.

过点 C,G 折叠,得折痕 CG.

作垂直于 CG 的折痕 BM.

取 $MP = CN = NL = BM$.

如图 26 所示,作垂直于 CG 的折痕 PH,NK,LF.

取 $NK = BM$,作垂直于 NK 的折痕 KE.

则部分 1,4,6;3,5;2,7 可拼成三个相等的小正方形.

现在

$$CG^2 = 3BG^2$$

由 $\triangle GBC \backsim \triangle BMC$ 可知

$$\frac{BM}{BC} = \frac{BG}{CG}$$

令 $BC = a$,则

$$BM = \frac{a}{\sqrt{3}}$$

第4章 五边形

71. 从正方形 $ABCD$ 上可以裁剪出一个正五边形.

点 X 为 BA 的黄金分割点,取 AX 的中点为 M. 则 $AB \cdot AX = XB^2$,且 $AM = MX$.

取 $BN = AM$,或 $BN = MX$. 则 $MN = XB$.

在 BC, AD 上分别取点 P, R, 使得 $NP = MR = MN$. 确定一点 Q, 使得 $RQ = PQ = MR = NP$.

$MNPQR$ 即为所求的正五边形.

如图 19 所示(由 §60),$AN = AB$,点 N 在垂线 MO 上. 若点 A 在 AB 上移动超过 MB 的距离,则很明显点 N 移动到 BC 上,点 X 移动到点 M.

因此,如图 27 所示,$NR = AB$. 类似地,$MP = AB$,$RP \perp\!\!\!\!= AB$.

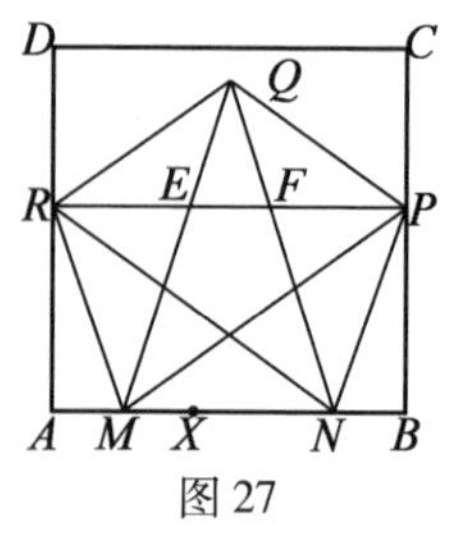

图 27

$$\angle RMA=\frac{4}{5}\times\frac{\pi}{2}$$

所以
$$\angle NMR=\frac{6}{5}\times\frac{\pi}{2}$$

类似地
$$\angle PNM=\frac{6}{5}\times\frac{\pi}{2}$$

由$\triangle MNR,\triangle QRP,\angle NMR=\angle RQP=\frac{6}{5}\times\frac{\pi}{2}$.

五边形在其三个顶点 M,N,Q 处的内角，即 $\angle RMN=\angle MNP=\angle PQR=\frac{6}{5}\times\frac{\pi}{2}$. 其余两个内角之和为$\frac{12}{5}\times\frac{\pi}{2}$,且这两个内角相等. 因此,五边形的各内角相等,即等于$\frac{6}{5}\times\frac{\pi}{2}$.

综上所述,$MNPQR$ 为正五边形.

72. 正五边形的边长 $MN=XB$,换句话说

$$MN=\frac{AB}{2}\cdot(\sqrt{5}-1)=AB\cdot 0.618\,0\cdots\text{（由 § 58）}$$

正五边形的最大宽度为 AB.

73. 若 p 为高线长,则

$$AB^2=p^2+\left[\frac{AB}{4}(\sqrt{5}-1)\right]^2=p^2+AB^2\cdot\frac{3-\sqrt{5}}{8}$$

所以
$$p^2=AB^2\cdot\left(1-\frac{3-\sqrt{5}}{8}\right)=AB^2\cdot\frac{5+\sqrt{5}}{8}$$

因此

$$p=AB\cdot\frac{\sqrt{10+2\sqrt{5}}}{4}$$

$$=AB\cdot 0.951\ 0\cdots$$

$$=AB\cos 18^\circ$$

74. 若 R 为外接圆的半径，则

$$R=\frac{AB}{2\cos 18^\circ}=\frac{2AB}{\sqrt{10+2\sqrt{5}}}$$

$$=AB\cdot\sqrt{\frac{5-\sqrt{5}}{10}}$$

$$=AB\cdot 0.525\ 7\cdots$$

75. 若 r 为内切圆的半径，如图 28 所示，显然

$$r=p-R=AB\cdot\sqrt{\frac{5+\sqrt{5}}{8}}-AB\cdot\sqrt{\frac{5-\sqrt{5}}{10}}$$

$$=AB\cdot\sqrt{5+\sqrt{5}}\left(\sqrt{\frac{1}{8}}-\sqrt{\frac{3-\sqrt{5}}{20}}\right)$$

$$=AB\cdot\sqrt{5+\sqrt{5}}\left[\frac{\sqrt{5}-(\sqrt{5}-1)}{\sqrt{40}}\right]$$

$$=AB\cdot\sqrt{\frac{5+\sqrt{5}}{40}}$$

$$=AB\cdot 0.425\ 3\cdots$$

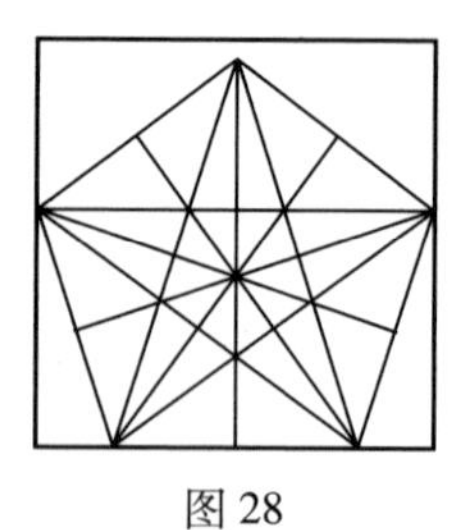

图 28

76. 正五边形的面积等于边长一半的 $5r$ 倍，换句话说

$$5AB\cdot\sqrt{\frac{5+\sqrt{5}}{40}}\cdot\frac{AB}{4}\cdot(\sqrt{5}-1)$$

$$=AB^2\cdot\frac{5}{4}\cdot\sqrt{\frac{5-\sqrt{5}}{10}}=AB^2\cdot 0.657\ 1\cdots$$

77. 如图 27 所示，MQ，QN 与 PR 分别交于点 E，F. 因为

$$MN=\frac{AB}{2}\cdot(\sqrt{5}-1)\quad(\S 72)$$

且
$$\cos 36^\circ=\frac{\frac{1}{2}AB}{\frac{1}{2}AB\cdot(\sqrt{5}-1)}$$

所以

$$RE=FP=\frac{MN}{2}\cdot\frac{1}{\cos 36^\circ}=AB\cdot\frac{\sqrt{5}-1}{\sqrt{5}+1}$$

$$=AB\cdot\frac{3-\sqrt{5}}{2}\qquad(1)$$

$$EF=AB-2RE=AB-AB(3-\sqrt{5})=AB(\sqrt{5}-2)\qquad(2)$$

$$RF=MN$$

$$RF:RE=RE:EF\quad(\text{由}\ \S 51)\qquad(3)$$

$$(\sqrt{5}-1):(3-\sqrt{5})=(3-\sqrt{5}):2(\sqrt{5}-2)\qquad(4)$$

由 §76 知

$$\text{正五边形的面积}=AB^2\cdot\frac{5}{4}\cdot\sqrt{\frac{5-\sqrt{5}}{10}}$$

$$=MN^2\cdot\left(\frac{\sqrt{5}+1}{2}\right)^2\cdot\frac{5}{4}\cdot\sqrt{\frac{5-\sqrt{5}}{10}}$$

$$=MN^2 \cdot \frac{1}{4} \cdot \sqrt{25+10\sqrt{5}}$$

因为 $AB = MN \cdot \frac{\sqrt{5}+1}{2}$. 所以

内部的小正五边形的面积为

$$EF^2 \cdot \frac{1}{4} \cdot \sqrt{25+10\sqrt{5}}$$

$$=AB^2 \cdot (\sqrt{5}-2)^2 \cdot \frac{1}{4} \cdot \sqrt{25+10\sqrt{5}}$$

大正五边形与小正五边形的面积之比为

$$MN^2 : EF^2 = 2:(7-3\sqrt{5}) = 1:0.145\ 898\cdots$$

78. 如果在图 27 中,分别在 QR,QP 上取 K,L 两点,使得 $\angle QEK = \angle LFQ = \angle ERQ = \angle FPQ$,则得到一个与内部小正五边形全等的正五边形 $EFLQK$. 类似地,我们可以得到其他全等的小正五边形. 由六个正五边形构成的图形,也是非常令人感兴趣的.

六边形

第5章

79. 从已知正方形可以裁剪出一个正六边形.

如图 29 所示,将正方形纸沿对边中点对折,我们得到折痕 AOB,COD.

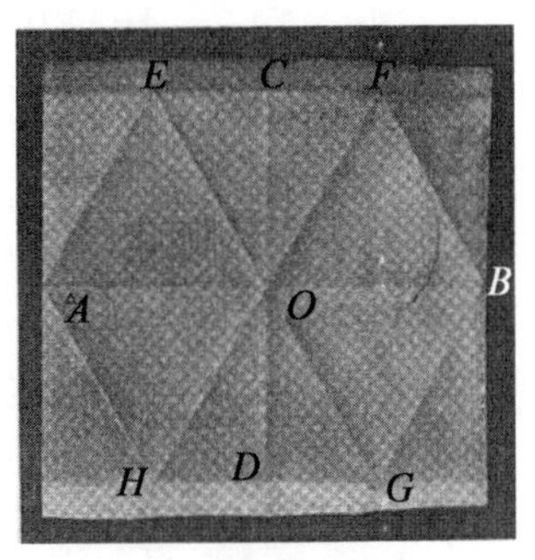

图 29

以 OA,OB 为边,分别向两侧作等边 $\triangle AOE$,$\triangle AHO$;$\triangle BFO$,$\triangle BOG$.

作 EF,HG,则 $AHGBFE$ 即为一个正六边形.

证明略.

正六边形的最大宽度为 AB.

80. 正六边形的高线长等于

$$\frac{\sqrt{3}}{2}\cdot AB=0.866\cdots\cdot AB$$

81. 若 R 为外接圆的半径,则

$$R=\frac{1}{2}AB$$

82. 若 r 为内切圆的半径,则

$$r=\frac{\sqrt{3}}{4}\cdot AB=0.433\cdots\cdot AB$$

83. 正六边形的面积等于 $\triangle HGO$ 面积的 6 倍,即

$$6\cdot\frac{AB}{4}\cdot\frac{\sqrt{3}}{4}AB=\frac{3\sqrt{3}}{8}\cdot AB^2=0.649\ 5\cdots\cdot AB^2$$

正六边形的面积也等于$\frac{3}{4}\cdot AB\cdot CD$,亦等于以 AB 为边的等边三角形面积的 $1\frac{1}{2}$倍.

84. 图 30 是一个折叠成等边三角形与正六边形的装饰品的例子.

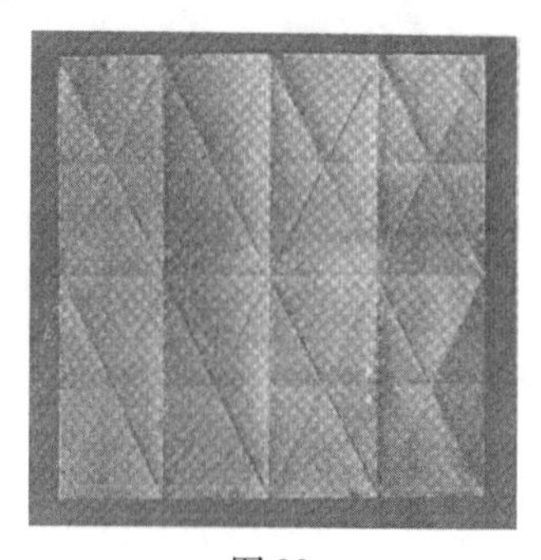

图 30

85. 将等边三角形的三个角分别向中心对折，则我们也可得到一个正六边形.

通过上述方法得到的正六边形的边长等于等边三角形边长的$\frac{1}{3}$.

正六边形的面积等于等边三角形面积的$\frac{2}{3}$.

86. 如图 31 所示，沿大正六边形各边三等分点折叠，我们可以得到很多全等的小正六边形与等边三角形.

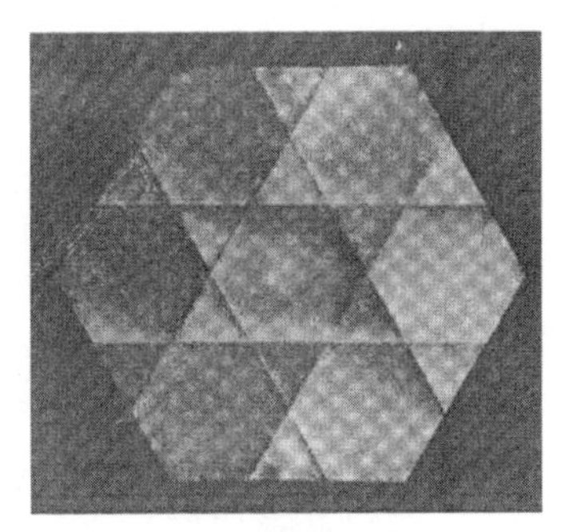

图 31

八边形

第6章

87. 从一个已知的正方形上,可以裁剪出一个正八边形.

通过联结已知正方形四条边的中点 A,B,C,D 可以得到一个内接正方形(图32).

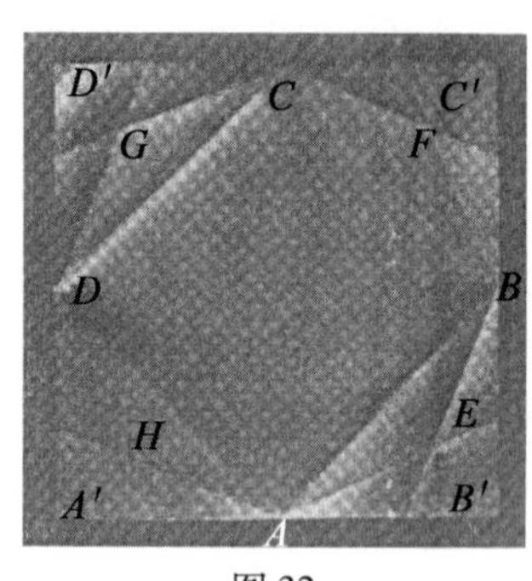

图32

将内接正方形的边与已知正方形的边所形成的夹角二等分. 令这几条角平分线分别交于点 E,F,G,H.

$AEBFCGDH$ 即为一个正八边形.

$\triangle AEB$, $\triangle BFC$, $\triangle CGD$, $\triangle DHA$ 是四个全等的等腰三角形. 因此 $AEBFCGDH$ 是正八边形.

$$\angle E = \angle F = \angle G = \angle H = 135^\circ$$

因为内接正方形的边与相邻正八边形的边所形成的夹角等于$\frac{1}{4} \times 90^\circ = 22.5^\circ$,即

$$\angle HDA = \angle HAD = \angle GDC = \angle GCD = \angle FCB$$
$$= \angle FBC = \angle EBA = \angle EAB = 22.5^\circ$$

因此,正八边形的其余内角,即

$$\angle HAE = \angle EBF = \angle FCG = \angle GDH = 145^\circ$$

因此,正八边形 $AEBFCGDH$ 是等角的.

正八边形的最大宽度等于已知正方形的边长 a.

88. 若外接圆的半径为 R,a 为已知正方形的边长,则 $R = \frac{a}{2}$.

89. 正八边形任一条边所对应的中心角等于 45°.

90. 如图 33 所示,OE 与 AB 交于点 K. 则

$$AK = OK = \frac{OA}{\sqrt{2}} = \frac{a}{2\sqrt{2}}$$

$$KE = OA - OK = \frac{a}{2} - \frac{a}{2\sqrt{2}} = \frac{a}{4}(2 - \sqrt{2})$$

由$\triangle AEK$ 可知

$$AE^2 = AK^2 + KE^2 = \frac{a^2}{8} + \frac{a^2}{8}(3 - 2\sqrt{2})$$
$$= \frac{a^2}{8}(4 - 2\sqrt{2}) = \frac{a^2}{4}(2 - \sqrt{2})$$

所以
$$AE = \frac{a}{2} \cdot \sqrt{2 - \sqrt{2}}$$

91. 如图 33 所示,CE 为正八边形 $AEBFCGDH$ 的高线. 但是

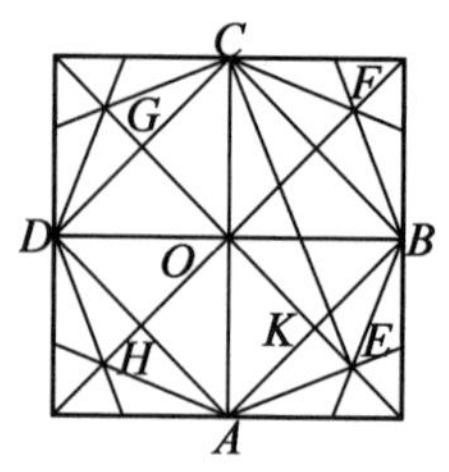

图 33

$$CE^2=AC^2-AE^2=a^2-\frac{a^2}{4}(2-\sqrt{2})=\frac{a^2}{4}\cdot(2+\sqrt{2})$$

所以 $$CE=\frac{a}{2}\cdot\sqrt{2+\sqrt{2}}$$

92. 正八边形 $AEBFCGDH$ 的面积等于 $\triangle AOE$ 面积的 8 倍,即等于

$$4OE\cdot AK=4\cdot\frac{a}{2}\cdot\frac{a}{2\sqrt{2}}=\frac{a^2}{\sqrt{2}}$$

93. 如图 34 所示,将正方形 $WXYZ$ 的四个直角分别四等分,即可得到一个正八边形.

显然 $EZ=WZ=a$,其中 a 为正方形 $WXYZ$ 的边长.

$$XZ=a\sqrt{2}$$

$$XE=a(\sqrt{2}-1)$$

$$XE=WH=WK$$

$$KX=a-a(\sqrt{2}-1)=a(2-\sqrt{2})$$

现在 $$KZ^2=a^2+a^2(\sqrt{2}-1)^2=a^2(4-2\sqrt{2})$$

所以 $$KZ=a\sqrt{4-2\sqrt{2}}$$

同样可以得出

$$GE=XZ-2XE=a\sqrt{2}-2a(\sqrt{2}-1)=a(2-\sqrt{2})$$

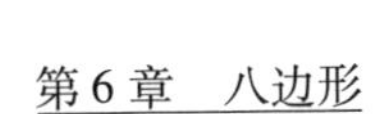

所以 $$HO=\frac{a}{2}(2-\sqrt{2})$$

又 $$OZ=\frac{a}{2}\sqrt{2}$$

且 $HZ^2=HO^2+OZ^2=\frac{a^2}{4}(6-4\sqrt{2}+2)=a^2(2-\sqrt{2})$

所以 $$HZ=a\sqrt{2-\sqrt{2}}$$

$$\begin{aligned}HK&=KZ-HZ=a\sqrt{4-2\sqrt{2}}-a\sqrt{2-\sqrt{2}}\\&=a\sqrt{2-\sqrt{2}}\cdot(\sqrt{2}-1)\\&=a\sqrt{10-7\sqrt{2}}\end{aligned}$$

$$AL=\frac{1}{2}HK=\frac{a}{2}\sqrt{10-7\sqrt{2}}$$

且 $$HA=\frac{a}{2}\sqrt{20-14\sqrt{2}}$$

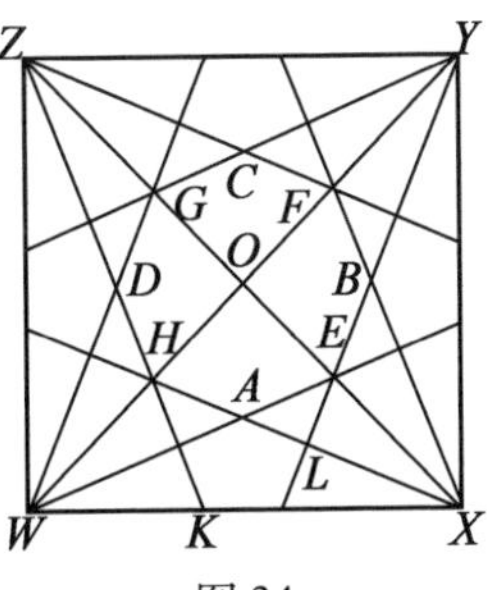

图34

94. 正八边形 $AEBFCGDH$ 的面积等于 $\triangle HOA$ 面积的8倍,即

$$8\cdot\frac{1}{2}HO\cdot\frac{HO}{\sqrt{2}}$$

$$=HO^2\cdot 2\sqrt{2}$$

$$=\left[\frac{a}{2}(2-\sqrt{2})\right]^2\cdot 2\sqrt{2}$$

$$=\frac{a^2}{4}\cdot 2\sqrt{2}\cdot(6-4\sqrt{2})$$

$$=a^2\cdot(3\sqrt{2}-4)$$

$$=a^2\cdot\sqrt{2}\cdot(\sqrt{2}-1)^2$$

95. 图 34 中正八边形的面积与图 33 中正八边形的面积之比为

$$(2-\sqrt{2})^2:1 \text{ 或 } 2:(\sqrt{2}+1)^2$$

且它们的边长之比为$\sqrt{2}:(\sqrt{2}+1)$.

第7章 九边形

96. 通过折叠可以将任一角三等分，并且通过这种方式可以近似地构造一个正九边形.

在一个等边三角形的中心，能够得到三个相等的角（§25）.

为了方便折叠，裁剪下$\angle AOF$，$\angle FOC$，$\angle COA$.

如图35所示，将$\angle AOF$，$\angle FOC$，$\angle COA$三等分，使得每个角的边的长度都等于OA.

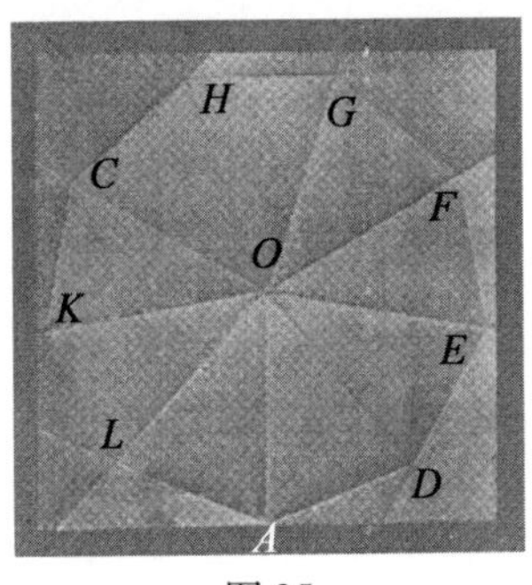

图35

97. 正九边形的任一内角都等于$\frac{14}{9}\times 90^\circ$，即$140^\circ$.

正九边形的边所对应的中心角等于$\frac{4}{9}\times 90°$，即40°.

中心角的一半等于正九边形内角度数的$\frac{1}{7}$.

98. a 是正方形的边长，$AO=\frac{1}{2}a$，它也是外接圆的半径 R.

内切圆的半径为

$$\begin{aligned} R\cdot\cos 20° &= \frac{1}{2}a\cdot\cos 20° \\ &= \frac{a}{2}\cdot 0.939\ 692\ 6\cdots \\ &= a\cdot 0.469\ 846\ 3\cdots \end{aligned}$$

正九边形 $ADEFGHCKL$ 的面积是$\triangle AOL$ 面积的 9 倍，即等于

$$\begin{aligned} 9\cdot R\cdot\frac{1}{2}R\sin 40° &= \frac{9}{2}R^2\cdot\sin 40° \\ &= \frac{9a^2}{8}\cdot 0.642\ 787\ 6\cdots \\ &= a^2\cdot 0.723\ 136\cdots \end{aligned}$$

第8章

十边形与十二边形

99. 如图36,37所示,分别向我们展示了如何从正五边形和正六边形构造正十边形与正十二边形.其主要过程是确定中心角.

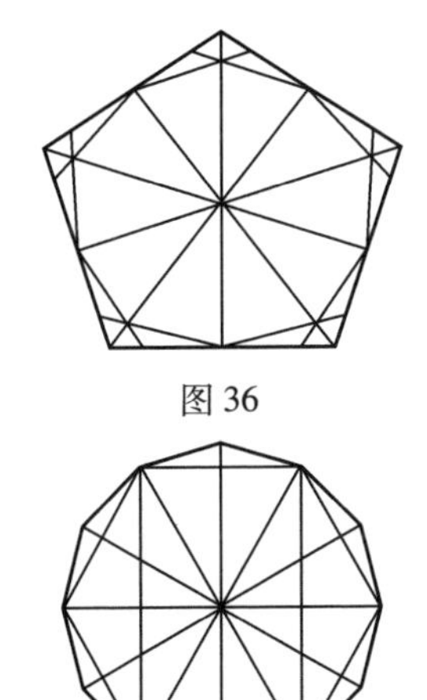

图36

图37

如图36所示,为了使正十边形限制在正方形内,将正五边形内切圆的半径取作正十边形外接圆的半径.

100. 一个正十边形也可通过如下步骤得到:

按照§51 中的方法确定 AB 的两个黄金分割点 X, Y,如图 38 所示.

取线段 AB 的中点 M.

作垂直于 AB 的折痕 XC, MO, YD.

在折痕 MO 上取一点 O, 使得 $YO = AY$, 或 $YO = XB$.

令折痕 YO, XO 分别交折痕 XC, YD 于点 C, D.

折痕 HOE, KOF, LOG 将 $\angle XOC$, $\angle DOY$ 四等分.

取 $OH = OK = OL = OE = OF = OG = OY = OX$.

顺次联结 $X, H, K, L, C, D, E, F, G, Y$.

由§60 可知

$$\angle YOX = \frac{2}{5} \times 90^\circ = 36^\circ$$

通过将边平分,并将由此确定的点与圆心联结起来,周角被分成 16 个相等的部分. 因此容易构造出正十六边形、正三十二边形. 推广到一般即可构造出正 2^n 边形.

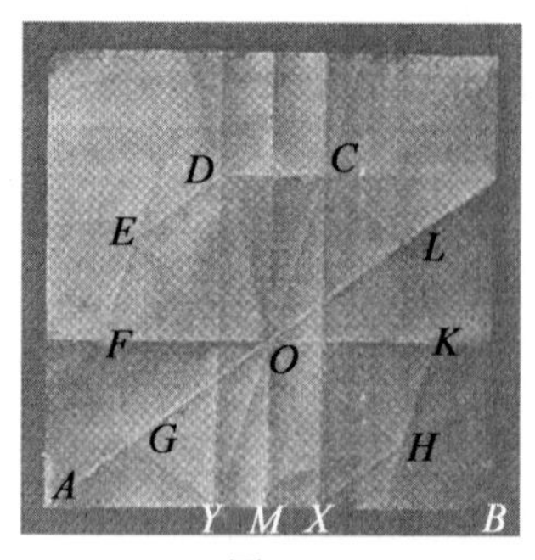

图 38

第9章 十五边形

101. 图 39 向我们展示了如何在一个正五边形内部构造出一个正十五边形.

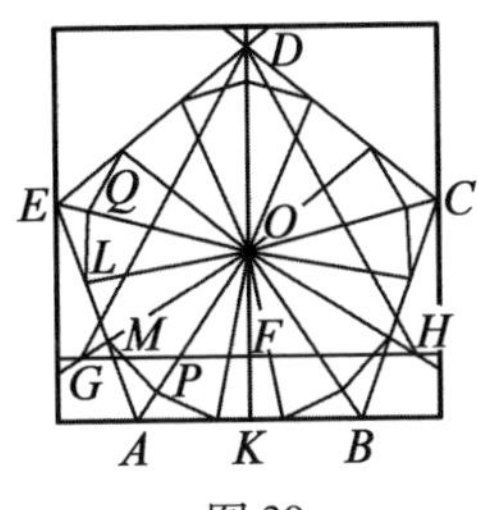

图 39

已知正五边形 $ABCDE$,点 O 为中心.

作 OA,OB,OC,OD,OE,直线 DO 与 AB 交于点 K.

取 $OF=\frac{1}{2}OD$.

折痕 GFH 垂直于 OF,取 $OG=OH=OD$. 则 $\triangle GDH$ 为等边三角形,且 $\angle DOG=\angle HOD=120°$.

但是 $\angle DOA=144°$,因此 $\angle GOA=24°$. 这就是说,$\angle EOA=72°$,OG 为 $\angle EOA$ 的三等分线. OL 平分 $\angle EOG$,交 EA 于点 L,OG 与 EA 交于点 M,则

$$OL = OM$$

在 OA, OE 上分别取 $OP = OQ = OL = OM$.

因此, PM, ML, LQ 为正十五边形的三条边.

对 $\angle AOB$, $\angle BOC$, $\angle COD$, $\angle DOE$ 重复上述过程, 即得正十五边形的其余十二条边.

级数

第10章

算术级数

102. 图 40 向我们阐述了一个算术级数. 对角线左端的水平线段,包括上、下边缘,构成一个算术级数. 令初始线段的长度为 a,公差为 d,则 $a, a+d, a+2d, a+3d, \cdots$ 构成一级数.

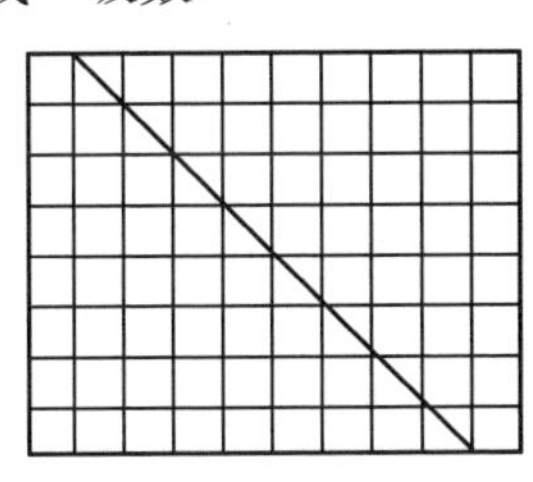

图 40

103. 对角线右端的水平线段的长度亦构成一算术级数,但是此级数的顺序与 §102 中的相反,即以公差 d 递减.

104. 总的来说,若 l 为末项,s 为级数的和,上图以图形的方式证明了公式

$$s=\frac{n}{2}(a+l)$$

105. 若 a,c 是两个交错项，则中间项为$\frac{a+c}{2}$.

106. 为了在 a 与 l 之间插入 n 个中项，必须将竖直线段折叠成 $n+1$ 个相等的部分. 公差为$\frac{l-a}{n+1}$.

107. 考虑逆级数，并交换 a,l 的位置，则级数变为

$$a,a-d,a-2d,\cdots,l$$

当 $a>(n-1)d$ 时，级数的项 $a-(n-1)d$ 及之前的每一项都是正的，其后的项为 0 或负项.

几 何 级 数

108. 在 Rt$\triangle P_1P_2P_3$ 中，OP_2 为 OP_1，OP_3 的等比中项，因此，若给定一几何级数的交替或相邻的两项，则通过图 41 的方法可以确定该级数. OP_1，OP_2，OP_3，OP_4，OP_5 构成一个几何级数，公比为 OP_1∶OP_2.

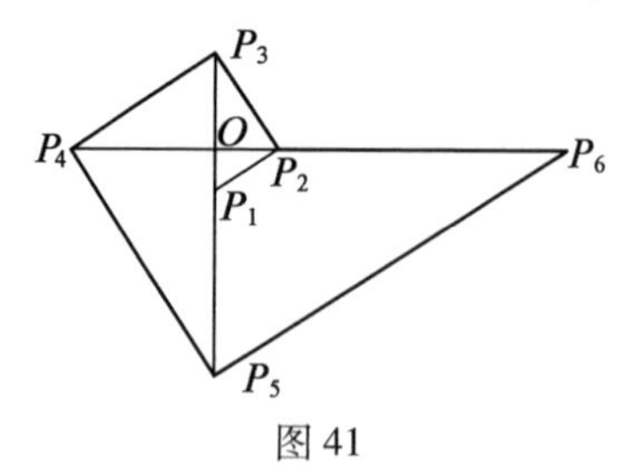

图 41

若 OP_1 为单位长度，则该几何级数由公比的自然数次幂构成.

109. 用 $a,ar,ar^2,\cdots$ 来重新表示这个几何级数.
$P_1P_2=a\sqrt{1+r^2}$, $P_2P_3=ar\sqrt{1+r^2}$, $P_3P_4=ar^2\sqrt{1+r^2}$, $\cdots$ 这些线段构成一个几何级数,其公比为 r.

110. 将级数中的各项颠倒位置,则公比变为一个真分数. 若 OP_5 为单位长度, OP_4 为公比,则该无穷级数的和为$\frac{OP_5}{OP_5-OP_4}$.

111. 按照§108 中的方法,可以确定两已知直线段的等比中项,如此继续进行下去,可以得到 3,7,15,…个中项. 更一般地,可以确定 2^n-1 个中项,其中,n 为任一正整数.

112. 仅沿已知点进行折叠,不可能找出两给定线段的两个等比中项. 但是它可以通过如下方式完成:如图 41 所示,已知线段 OP_1, OP_4,必须确定 P_2, P_3 两点. 取两个长方形纸片,调整它们的位置,使得 P_1, P_4 在两矩形的外边缘上,而矩形的两个顶点分别位于线段 OP_2, OP_3 上,使得以这些顶点结束的其他边重合. 顶点的位置决定了 OP_2 与 OP_3.

113. 上述过程向我们展示了如何求一个数的立方根,若 OP_1 为单位长度,则级数为 $1,r,r^2,r^3$.

114. 关于这个问题[①]还有一个有趣的传说. 公元前430年,雅典人遭受有史以来最大的一场爆发性伤寒症瘟疫. 人们在提洛岛上祈求神谕来阻止这场瘟

① 见 Beman 与 Smith 所译的 Fink 的著作 *History of Mathematics*, p. 82,207.

疫. 阿波罗回复他们说,只要把他的神坛扩大一倍就可以了(神坛的形状为立方体). 没有比这更容易的了,一个新的神坛很快就建好了,边长是原来的两倍. 神很生气,瘟疫比从前更严重了,于是,一个新的代表团被派到了提洛岛. 神对他们说,玩弄他是没有意义的,必须把神坛确确实实地扩大一倍. 于是他们向几何学家求助,柏拉图是当时最著名的几何学家之一,他谢绝了这份工作,但是他把欧几里得推荐给他们. 欧几里得对这个问题有特殊的研究(欧几里得的原名为希波克拉底). 希波克拉底把这个问题归纳为求两条给定线段的两个等比中项,其中一条线段是另一条线段的 2 倍. 若 $a, x, y, 2a$ 是这个级数的项,则 $x^3 = 2a^3$. 然而他没有成功地找到等比中项. Menaechmus (公元前 375 年—公元前 325 年)是柏拉图的学生,他给出

$$a:x = x:y = y:2a$$

从上述关系式可得如下三个方程

$$x^2 = ay \tag{1}$$

$$y^2 = 2ax \tag{2}$$

$$xy = 2a^2 \tag{3}$$

其中(1)与(2)是抛物线方程,(3)是直角双曲线方程.

从方程(1)(2)或(1)(3)都可以推导出 $x^3 = 2a^3$. 通过取抛物线方程(1)和(2)的交点(α)与抛物线方程(1)和直角双曲线方程(3)的交点(β),即可解决该问题.

调 和 级 数

115. 如图42所示，沿任两条线段 AR，PB 进行折叠，点 P 在 AR 上，点 B 在纸的边缘上. 再次折叠，使得 AP，PR 分别与 PB 重合. 令 PX，PY 为上述过程得到的折痕，点 X，Y 在 AB 上.

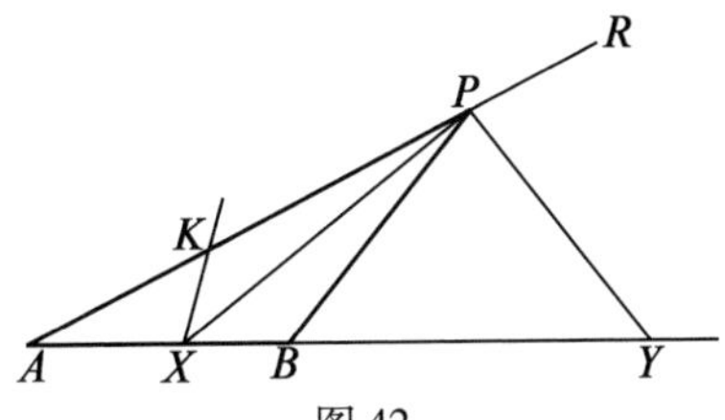

图42

则点 A，X，B，Y 构成一个调和点列. 这就是说，AB 上一点 X，与其延长线上一点 Y，使得

$$AX:XB=AY:BY$$

显然，剖分 PA，PX，PB，PY 的每条线段将被调和分割.

116. 已知点 A，B，X，可通过如下方式确定一点 Y：沿 XP 折叠，使得点 B 落在 AP 上，此处记为点 K. 折叠 BP 到 $AKPR$ 上. 过点 P 进行折叠，使得 PB 与 PR 重合，所得的折痕记为 PY，显然，PY 为 $\angle BPR$ 的平分线.

因为 XP 为 $\angle APB$ 的平分线，所以

$$AX:XB=AP:BP=AY:BY$$

117.
$$AX:XB=AY:BY$$

或
$$(AY-XY):(XY-BY)=AY:BY$$

因此，AY，XY，BY 构成一个调和级数，其中 XY 为

AY, BY 之间的调和中项.

类似地,AB 为 AX, AY 之间的调和中项.

118. 已知 BY, XY,为确定第三项 AY,我们只需以 XY 为斜边作一个直角三角形,并且使 $\angle APX = \angle XPB$.

119. 令 $AX = a, AB = b, AY = c$,则 $b = \frac{2ac}{a+c}$,即 $ab + bc = 2ac$,亦即 $c = \frac{ab}{2a-b} = \frac{b}{2-\frac{b}{a}}$. 当 $a = b$ 时,$c = b$. 当 $b = 2a$时,$c = \infty$.

因此,当 X 是 AB 的中点时,Y 是点 B 右侧无限远处的一点. 当 X 向点 B 移动时,点 Y 也向点 B 靠近,最终 B, X, Y 三点重合.

当点 X 从 AB 的中点向左移动时,点 Y 从左侧无限远处向点 A 移动,最终 X, A, Y 三点重合.

120. 若 E 为 AB 的中点,则

$$EX \cdot EY = EA^2 = EB^2$$

对于 X 和 Y 相对于 A 或 B 的所有位置成立.

点对 X, Y 所构成的两个系统中的任意一个都可以称作对合系统,点 E 称为中心,点 A 或 B 称作系统的焦点. 这两个系统合在一起可视为一个系统.

121. 如图 43 所示,已知 AX, AY,可通过如下方式确定点 B:

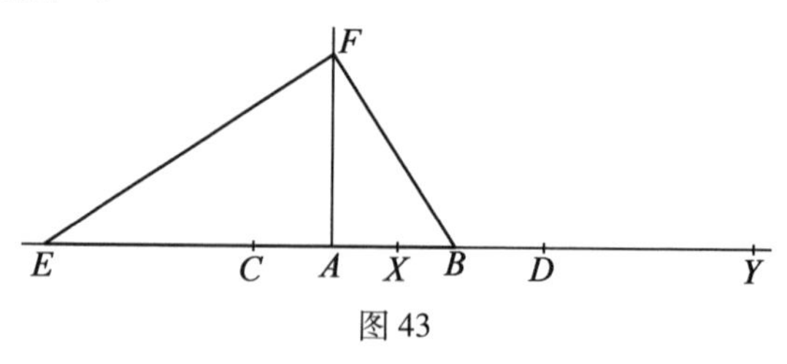

图 43

作直线 XA,并取 $AC = XA$.

取 AY 的中点 D,取 $CE = DA$ 或 $AE = DC$.

沿点 A 折叠,使得折痕 AF 垂直于 CAY.

在折痕 AF 上确定一点 F,使得 $DF = DC$.

沿 EF 折叠,作垂直于 EF 的折痕 FB.

CD 为 AX,AY 之间的算术中项.

AF 为 AX,AY 之间的等比中项.

AF 也是 CD(或 AE),AB 之间的等比中项.

因此,AB 为 AX,AY 之间的调和中项.

122. 如下给出了一个简单的方法来确定两已知线段之间的调和中项.

如图44所示,在正方形的边上取 AB,CD 等于已知线段的长度. 沿梯形 $ACDB$ 的对角线 AD,BC 及边 AC,BD 分别折叠,过梯形对角线的交点 E 进行折叠,使得折痕 FEG 垂直于正方形的另两条对边,或平行于 AB,CD 所在的边. 令折痕 FEG 分别交 AC,BD 于点 F,G. 则 FG 为 AB,CD 之间的调和中项.

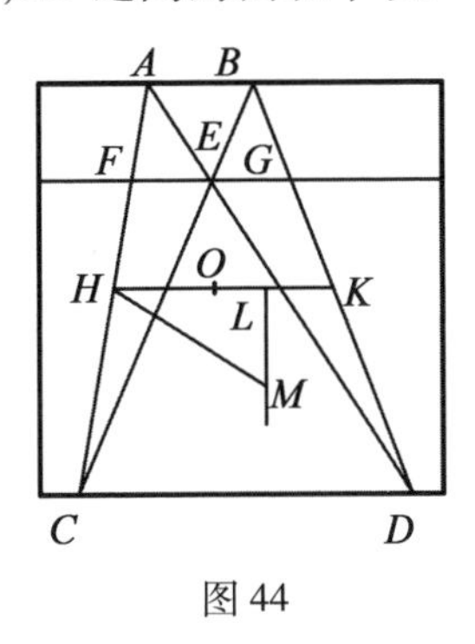

图44

因为 $$\frac{EF}{AB}=\frac{CE}{CB}$$

且 $$\frac{EG}{CD}=\frac{FE}{CD}=\frac{EB}{CB}$$

所以 $$\frac{FE}{AB}+\frac{EF}{CD}=\frac{CE}{CB}+\frac{EB}{CB}=1$$

因此 $$\frac{1}{AB}+\frac{1}{CD}=\frac{1}{FE}=\frac{2}{FG}$$

123. AC,BD 中点的连线 HK 为 AB,CD 之间的算术中项.

124. 为了确定等比中项,在 HK 上取 $HL=FG$. 作垂直于 HK 的折痕 LM,取 HK 的中点为 O,在 LM 上确定一点 M,使得 $OM=OH$. HM 是 AB,CD 之间的等比中项,同时也是 FG,HK 之间的等比中项. 两个量的等比中项也是其算术中项与调和中项的等比中项.

某些级数的和

125. 求级数

$$1+3+5+\cdots+2n-1$$

的和.

如图 45 所示,将已知正方形分成若干个等大的小正方形. 这里我们将大正方形分成 49 个小正方形,小正方形的数量可以按照需要进行增加.

O	A	B	C	D	E	F
a						
b						
c						
d						
e						
f						

图45

小正方形的数量显然是一个平方数,即已知大正方形的边被等分的数量的平方.

将每个小正方形视为一个单位. 由 $A+O+a$ 形成的图形称为一个磬折形.

磬折形 AOa, BOb, …中单位正方形的数量分别为3,5,7,9,11,13.

因此,级数1,3,5,7,9,11,13的和为 7^2.

一般地

$$1+3+5+\cdots+2n-1=n^2$$

126. 求级数 $1^3+2^3+\cdots+n^3$ 的和.

如前所述,将大正方形折成49个小正方形,并标出磬折形. 根据乘法表,在小正方形内部填充上相应的数字.

在第一个小正方形中填入数字 $1=1^3$.

磬折形 AOa, BOb, …中数字之和分别为 $2+4+2=2^3$, 3^3, 4^3, 5^3, 6^3, 7^3.

如图46所示,第一行中数字之和等于前七个自然数之和,记作 s.

O 1	A 2	B 3	C 4	D 5	E 6	F 7
a 2	4	6	8	10	12	14
b 3	6	9	12	15	18	21
c 4	8	12	16	20	24	28
d 5	10	15	20	25	30	35
e 6	12	18	24	30	36	42
f 7	14	21	28	35	42	49

图 46

第 $a,b,c,d,\cdots$ 行中数字之和分别为

$$2s,3s,4s,5s,6s,7s$$

因此,所有数字之和为

$$s(1+2+3+4+5+6+7)=s^2$$

因此

$$1^3+2^3+3^3+\cdots+7^3=(1+2+3+\cdots+7)^2$$

一般地

$$1^3+2^3+3^3+\cdots+n^3=(1+2+3+\cdots+n)^2$$

所以

$$\sum n^3=\left[\frac{n(n+1)}{2}\right]^2$$

因为

$$[n\cdot(n+1)]^2-[(n-1)\cdot n]^2$$
$$=(n^2+n)^2-(n^2-n)^2=4n^3$$

依次取 $n=1,2,3,\cdots$,有

$$4\times1^3=(1\times2)^2-(0\times1)^2$$
$$4\times2^3=(2\times3)^2-(1\times2)^2$$
$$4\times3^3=(3\times4)^2-(2\times3)^2$$

$$4\times n^3=[n\times(n+1)]^2-[(n-1)\times n]^2$$

将以上各式相加,得

$$4\sum n^3 = [n(n+1)]^2$$

所以

$$\sum n^3 = \left[\frac{n(n+1)}{2}\right]^2$$

127. 令 s_n 为前 n 个自然数之和,则

$$s_n^2 - s_{n-1}^2 = n^3$$

128. 求级数

$$1\times2+2\times3+3\times4+\cdots+(n-1)\times n$$

的和.

图 46 中,对角线上的数字从 1 开始,分别为 $1=1^2$,$4=2^2$,$9=3^2$,$16=4^2$,$25=5^2$,$36=6^2$,$49=7^2$.

一个磬折形中的数字可以从下一个磬折形中的相应数字中减去. 通过这个过程可得

$$\begin{aligned}n^3-(n-1)^3 &= n^2-(n-1)^2+2[n(n-1)+\\&\quad(n-2)+(n-3)+\cdots+1]\\&= n^2+(n-1)^2+2[1+2+\cdots+(n-1)]\\&= n^2+(n-1)^2+n(n-1)\\&= [n-(n-1)]^2+3(n-1)n\\&= 1+3(n-1)n\end{aligned}$$

因为

$$n^3-(n-1)^3 = 1+3(n-1)n$$

所以

$$(n-1)^3-(n-2)^3 = 1+3(n-2)(n-1)$$

$$\vdots$$

$$2^3-1^3 = 1+3\times2\times1$$

$$1^3-0^3 = 1+0$$

以上各式相加得

$$n^3 = n+3[1\times2+2\times3+\cdots+(n-1)\times n]$$

因此

$$\begin{aligned}&1\times2+2\times3+\cdots+(n-1)\times n\\=&\frac{n^3-n}{3}\\=&\frac{(n-1)n(n+1)}{3}\end{aligned}$$

129. 求级数

$$1^2+2^2+\cdots+n^2$$

的和. 由于

$$\begin{aligned}&1\times2+2\times3+\cdots+(n-1)\times n\\=&2^2-2+3^2-3+\cdots+n^2-n\\=&1^2+2^2+3^2+\cdots+n^2-(1+2+3+\cdots+n)\\=&1^2+2^2+3^2+\cdots+n^2-\frac{n(n+1)}{2}\end{aligned}$$

因此

$$\begin{aligned}1^2+2^2+3^2+\cdots+n^2&=\frac{(n-1)n(n+1)}{3}+\frac{n(n+1)}{2}\\&=n(n+1)\left(\frac{n-1}{3}+\frac{1}{2}\right)\\&=\frac{n(n+1)(2n+1)}{6}\end{aligned}$$

130. 求级数

$$1^2+3^2+5^2+\cdots+(2n-1)^2$$

的和.

由 § 128 可知

$$\begin{aligned}n^3-(n-1)^3&=n^2+(n-1)^2+n(n-1)\\&=(2n-1)^2-(n-1)n\end{aligned}$$

依次取 $n=1,2,3,\cdots$, 则

$$1^3-0^3=1^2-0\times1$$

$$2^3-1^3=3^2-1\times2$$
$$3^3-2^3=5^2-2\times3$$
$$\vdots$$
$$n^3-(n-1)^3=(2n-1)^2-(n-1)n$$

以上各式相加得

$$n^3=1^2+3^2+5^2+\cdots+(2n-1)^2-[1\times2+2\times3+3\times4+\cdots+(n-1)\times n]$$

所以

$$\begin{aligned}&1^2+3^2+5^2+\cdots+(2n-1)^2\\=&n^3+\frac{n^3-n}{3}\\=&\frac{4n^3-n}{3}\\=&\frac{n(2n-1)(2n+1)}{3}\end{aligned}$$

第11章 多边形

131. 沿正方形的对角线进行折叠，确定其中心为 O. 二等分中心处的直角，得 8 个 45°角，再将其二等分，如此继续进行下去. 则得到 2^n 个等大的中心角，且其度数为$\frac{4}{2^n}\times\frac{\pi}{2}$，其中 n 为正整数. 在从中心出发的射线上截取相同长度，依次联结线段的终点，则得到一个正 2^n 边形.

132. 现在让我们来确定这些多边形的周长与面积. 在图 47 中，令半径 $OA\perp OA_1$，半径 $OA_2,OA_3,OA_4,\cdots$分别将$\angle A_1OA$ 2,4,8,…等分. 作 $AA_1,AA_2,AA_3,\cdots$分别垂直于 $OA_2,OA_3,OA_4,\cdots$，垂足分别为 $B_1,B_2,B_3,\cdots$. 则 $B_1,B_2,B_3,\cdots$为对应弦的中点，$AA_1,AA_2,AA_3,AA_4,\cdots$分别为内接 $2^2,2^3,2^4,\cdots$边形的边，且 $OB_1,OB_2,\cdots$为对应的边心距.

令 $OA=R$，$a(2^n)$表示内接 2^n 边形的边长，$b(2^n)$表示对应的边心距，$p(2^n)$，$A(2^n)$分别表示周长与面积.

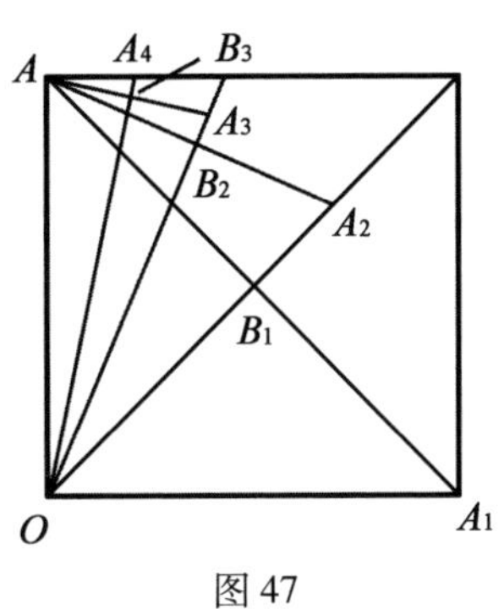

图 47

对于正方形

$$a(2^2)=R\sqrt{2},p(2^2)=R\cdot 2^2\sqrt{2}$$

$$b(2^2)=\frac{R}{2}\sqrt{2},A(2^2)=R^2\cdot 2$$

对于八边形，在$\triangle AB_2O,\triangle AB_1A_2$中

$$\frac{AB_2}{B_1A_2}=\frac{OA}{AA_2}$$

$$\frac{1}{2}AA_2^2=R\cdot B_1A_2=R[R-b(2^2)]$$

$$=R\left(R-\frac{R}{2}\sqrt{2}\right)=\frac{1}{2}R^2\cdot(2-\sqrt{2})$$

或

$$AA_2=R\sqrt{2-\sqrt{2}}=a(2^3) \quad (1)$$

$$p(2^3)=R\cdot 2^3\sqrt{2-\sqrt{2}} \quad (2)$$

$$b(2^3)=OB_2=\sqrt{OA^2-AB_2^2}=\sqrt{R^2\left(1-\frac{2-\sqrt{2}}{4}\right)}$$

$$=\sqrt{\frac{R^2(2+\sqrt{2})}{4}}=\frac{1}{2}R\sqrt{2+\sqrt{2}} \quad (3)$$

$$A(2^3)=\frac{1}{2}p(2^3)\cdot b(2^3)$$

$$=R\cdot 2^2\sqrt{2-\sqrt{2}}\cdot\frac{1}{2}R\sqrt{2+\sqrt{2}}$$

$$=R^2\cdot 2\sqrt{2}$$

类似地,对于十六边形

$$a(2^4)=R\sqrt{2-\sqrt{2+\sqrt{2}}}$$

$$p(2^4)=R\cdot 2^4\sqrt{2-\sqrt{2+\sqrt{2}}}$$

$$b(2^4)=\frac{R}{2}\sqrt{2+\sqrt{2+\sqrt{2}}}$$

$$A(2^4)=R^2\cdot 2^2\sqrt{2-\sqrt{2}}$$

对于三十二边形

$$a(2^5)=R\sqrt{2-\sqrt{2+\sqrt{2+\sqrt{2}}}}$$

$$p(2^5)=R\cdot 2^5\sqrt{2-\sqrt{2+\sqrt{2+\sqrt{2}}}}$$

$$b(2^5)=\frac{R}{2}\sqrt{2+\sqrt{2+\sqrt{2+\sqrt{2}}}}$$

$$A(2^5)=R^2\cdot 2^3\sqrt{2-\sqrt{2+\sqrt{2}}}$$

因此,可得多边形的一般规律.

亦得 $$A(2^n)=\frac{R}{2}\cdot p(2^{n-1})$$

当多边形的边数无限增加时,边心距显然趋于它的极限,即半径. 因此$\sqrt{2+\sqrt{2+\sqrt{2+\cdots}}}$的极限为 2. 若用 x 表示极限,$x=\sqrt{2+x}$,解该二次方程得 $x=2$ 或

-1(舍去).

133. 若过半径的端点作其垂线，可得外切于圆的正多边形，这些多边形如前文所述，且具有相同的边数.

在图48中，令AE为内接多边形的一条边，FG为外切多边形的一条边.

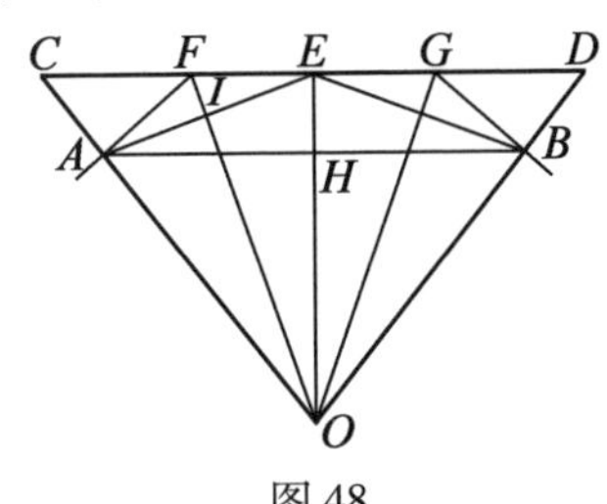

图48

则由$\triangle FIE \backsim \triangle EIO$，知

$$\frac{OE}{OI}=\frac{FE}{EI}=\frac{FG}{AE}$$

所以
$$FG=R\frac{AE}{OI}$$

由前文可知AE，OI的值，通过代换可得FG.

两个多边形的面积之比为$FG^2:AE^2$或$R^2:OI^2$.

134. 前文已经叙述了如何构造正2^2，2^3，…，2^n边形. 若已知m边形，容易构造$2^n \cdot m$边形.

135. 如图48所示，AB，CD分别为内接n边形、外切n边形的边长. 取CD的中点E，联结AE，BE. 则AE，BE为内接$2n$边形的边长.

作分别垂直于AC，BD的折痕AF，BG，分别交CD于点F，G.

则外切$2n$边形的边长为FG.

作折痕 OF, OG, OE.

令 p, P 分别为内接 n 边形和外切 n 边形的周长，A, B 表示相应的面积，p', P'分别表示内接 $2n$ 边形与外切 $2n$ 边形的周长，A', B'表示相应的面积.

则

$$p = n \cdot AB, P = n \cdot CD, p' = 2n \cdot AE, P' = 2n \cdot FG$$

因为 OF 为$\angle COE$ 的平分线，且 $AB // CD$，所以

$$\frac{CF}{FE} = \frac{CO}{OE} = \frac{CO}{AO} = \frac{CD}{AB}$$

所以
$$\frac{CE}{FE} = \frac{CD + AB}{AB}$$

或
$$\frac{4n \cdot CE}{4n \cdot FE} = \frac{n \cdot CD + n \cdot AB}{n \cdot AB}$$

所以
$$\frac{2P}{P'} = \frac{P + p}{p}$$

即
$$P' = \frac{2Pp}{P + p}$$

由$\triangle EIF \backsim \triangle AHE$，可知

$$\frac{EI}{AH} = \frac{EF}{AE}$$

或
$$AE^2 = 2AH \cdot EF$$

所以
$$4n^2 \cdot AE^2 = 4n^2 \cdot AB \cdot EF$$

或
$$p' = \sqrt{P'p}$$

现在

$$A = 2nS_{\triangle AOH}, B = 2nS_{\triangle COE}$$

$$A' = 2nS_{\triangle AOE}, B' = 4nS_{\triangle FOE}$$

由于$\triangle AOH$ 与$\triangle AOE$ 具有相同的高线 AH，则

$$\frac{S_{\triangle AOH}}{S_{\triangle AOE}}=\frac{OH}{OE}$$

类似地
$$\frac{S_{\triangle AOE}}{S_{\triangle COE}}=\frac{OA}{OC}$$

由于 $AB /\!/ CD$,所以

$$\frac{S_{\triangle AOH}}{S_{\triangle AOE}}=\frac{S_{\triangle AOE}}{S_{\triangle COE}}$$

所以
$$\frac{A}{A'}=\frac{A'}{B}\text{或 } A'=\sqrt{AB}$$

下面我们就来确定 B'. 因 $\triangle COE$ 与 $\triangle FOE$ 具有相同的高线,且 OF 为 $\angle EOC$ 的平分线,故

$$\frac{S_{\triangle COE}}{S_{\triangle FOE}}=\frac{CE}{FE}=\frac{OC+OE}{OE}$$

且
$$OE=OA$$

$$\frac{OC}{OA}=\frac{OE}{OH}=\frac{S_{\triangle AOE}}{S_{\triangle AOH}}$$

所以
$$\frac{S_{\triangle COE}}{S_{\triangle FOE}}=\frac{S_{\triangle AOE}+S_{\triangle AOH}}{S_{\triangle AOH}}$$

由上式可知

$$\frac{2B}{B'}=\frac{A'+A}{A}$$

所以
$$B'=\frac{2AB}{A+A'}$$

136. 已知半径为 R,边心距为 r 的正多边形,试确定一正多边形,其半径为 R',边心距为 r',其周长与已知正多边形的周长相同,边数为其二倍.

如图 49 所示,令 AB 为已知正多边形的一条边,O 为其中心,OA 为外接圆的半径,OD 为边心距. 在直线

OD 上取 $OC = OA$ 或 OB. 联结 AC, BC，作分别垂直于 AC, BC 的折痕 OA', OB'，因此固定点 A', B'. 作折痕 $A'B'$ 交 OC 于点 D'. 则 $A'B' = \frac{1}{2}AB$，$\angle B'OA' = \frac{1}{2}\angle BOA$. OA', OD' 分别为所求正多边形的半径 R' 与边心距 r'.

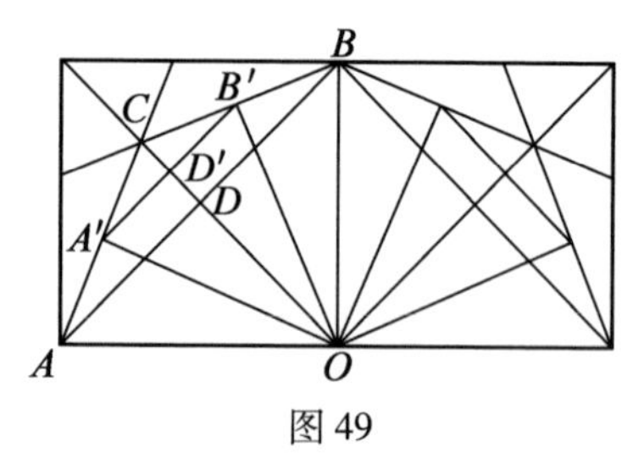

图 49

现在 OD' 为 OC 与 OD 之间的算术中项，OA' 为 OC 与 OD' 之间的比例中项. 所以

$$r' = \frac{1}{2}(R + r) \text{ 且 } R' = \sqrt{Rr'}$$

137. 现在，在 OC 上取 $OE = OA'$，作折痕 $A'E$.

则 $A'D' < A'C$，$A'E$ 为 $\angle D'A'C$ 的平分线，故

$$ED' < \frac{1}{2}CD'$$

即
$$ED' < \frac{1}{4}CD$$

所以
$$R_1 - r_1 < \frac{1}{4}(R - r)$$

随着边数的增加，多边形近似于圆，其周长相等，且 R, r 接近于圆的半径. 也就是说

$$R+r+R_1-r_1+R_2-r_2+\cdots=\text{圆的直径}=\frac{p}{\pi}$$

也有

$$R_1^2=Rr_1 \text{ 或 } R\cdot\frac{r_1}{R_1}=R_1$$

且
$$\frac{r_2}{R_2}=\frac{R_2}{R_1},\cdots$$

以上各式两边相乘得

$$R\cdot\frac{r_1}{R_1}\cdot\frac{r_2}{R_2}\cdot\frac{r_3}{R_3}\cdot\cdots=\text{圆的半径}=\frac{p}{2\pi}$$

138. 圆的半径位于 R_n 与 r_n 之间，多边形的边数为 $4\cdot 2^n$；π 位于$\frac{2}{r_n}$与$\frac{2}{R_n}$之间. 当多边形的边数无限增加时，所得 π 值越精确.

正4,8,16,…,2 048边形的半径与边心距如下：

4边形

$$r=0.500\ 000, R=r\sqrt{2}=0.707\ 107\cdots$$

8边形

$$r_1=0.603\ 553, R_1=0.653\ 281\cdots$$

⋮

2 048边形

$$r_9=0.636\ 620\cdots, R_9=0.636\ 620\cdots$$

所以
$$\pi=\frac{2}{0.636\ 620\cdots}=3.141\ 59\cdots$$

139. 已知具有 $4n$ 条边的正等周多边形，其半径为 R''，则

$$R''^2=\frac{R'^2(R+R')}{2R}$$

更一般地
$$\frac{R_{k+1}}{R_k}=\sqrt{\frac{1+\dfrac{R_k}{R_{k-1}}}{2}}$$

140. 设半径 $R_1<R_2<\cdots$，且$\frac{R_2}{R_1}<1$，$\cos\alpha=\frac{R_2}{R_1}$，则

$$\frac{R_3}{R_2}=\sqrt{\frac{1+\cos\alpha}{2}}=\cos\frac{\alpha}{2},\cdots$$

所以
$$\frac{R_{k+1}}{R_k}=\cos\frac{\alpha}{2^{k-1}}$$

以上各式相乘得

$$R_{k+1}=R_1\cdot\cos\alpha\cdot\cos\frac{\alpha}{2}\cdot\cos\frac{\alpha}{2^2}\cdot\cdots\cdot\cos\frac{\alpha}{2^{k-1}}$$

则
$$\lim_{k\to\infty}\cos\alpha\cdot\cos\frac{\alpha}{2^2}\cdot\cdots\cdot\cos\frac{\alpha}{2^{k-1}}=\frac{\sin 2\alpha}{2\alpha}$$

这个结果被称为欧拉公式.

141. 高斯(Karl Friedrich Gauss)① 证明了，除正 2^n，$3\cdot2^n$，$5\cdot2^n$，$15\cdot2^n$ 边形以外，只有边数由 2^n 和一个或多个 2^m+1 型的数的乘积表示的正多边形可用初等几何来构造. 我们将证明如何构造 5 边形和 17 边形.

如下定理是必要的②：

---

① 见 Beman 与 Smith 所译的 Fink 的著作 *History of Mathematics*, p. 245；*Famous Problems of Elementary Geometry*, p. 16, 24；*New Plane and Solid Geometry*, p. 212.

② 证明见 Catalan 的 *Théorèmes et Problèmes de Géométrie Elémentaire.*

(1)若 C,D 为半圆周 $ACDB$ 上的两点,C'与 C 关于直径 AB 对称,R 为圆的半径,则

$$AC \cdot BD = R \cdot (C'D - CD) \qquad \text{(i)}$$

$$AD \cdot BC = R \cdot (C'D + CD) \qquad \text{(ii)}$$

$$AC \cdot BC = R \cdot CC' \qquad \text{(iii)}$$

(2)将圆周奇数等分,AO 为过截线上一点 A 与其对弧中点 O 的直径. 令直径两侧的截线上的点依次为 $A_1, A_2, A_3, \cdots, A_n$ 与 $A'_1, A'_2, A'_3, \cdots, A'_n$(从 A 开始). 则

$$OA_1 \cdot OA_2 \cdot OA_3 \cdot \cdots \cdot OA_n = R^n \qquad \text{(iv)}$$

且 $$OA_1 \cdot OA_2 \cdot OA_4 \cdot \cdots \cdot OA_n = R^{\frac{n}{2}}$$

142. 显然,若已知 OA_n,则 $\angle A_nOA$ 已被确定,将 $\angle A_nOA$ 2^n 等分,即得其他弦.

143. 首先,取五边形 $AA'_1A'_2A_2A_1$.

由式(iv)

$$OA_1 \cdot OA_2 = R^2$$

由式(i)

$$R(OA_1 - OA_2) = OA_1 \cdot OA_2 = R^2$$

所以 $$OA_1 - OA_2 = R$$

因此 $$OA_1 = \frac{R}{2}(\sqrt{5} + 1)$$

且 $$OA_2 = \frac{R}{2}(\sqrt{5} - 1)$$

因此可采用如下方法进行构造.

如图50所示,作直径 ACO,过点 A 作切线 AF,取 AC 的中点 D,且 $AF = AC$.

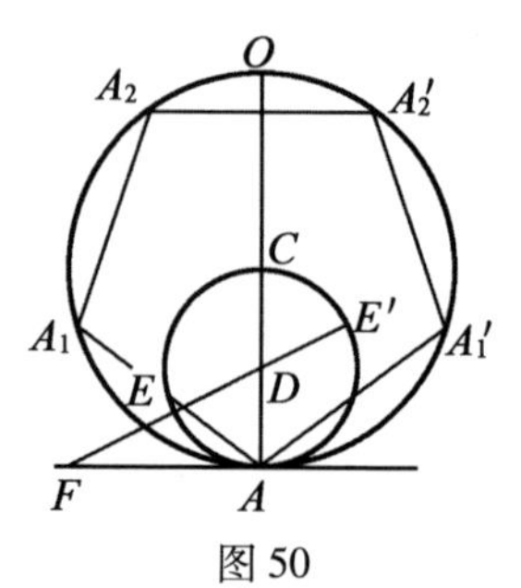

图 50

以 AC 为直径作圆 $AE'CE$，联结 FD 交圆 $AE'CE$ 于点 E, E'. 则 $FE' = OA_1$，且 $FE = OA_2$.

144. 现在来考虑 17 边形.

此时

$$OA_1 \cdot OA_2 \cdot OA_3 \cdot OA_4 \cdot OA_5 \cdot OA_6 \cdot OA_7 \cdot OA_8 = R^8$$

$$OA_1 \cdot OA_2 \cdot OA_4 \cdot OA_8 = R^4$$

$$OA_3 \cdot OA_5 \cdot OA_6 \cdot OA_7 = R^4$$

由式(i)与(ii)

$$OA_1 \cdot OA_4 = R(OA_3 + OA_5)$$

$$OA_2 \cdot OA_8 = R(OA_6 - OA_7)$$

$$OA_3 \cdot OA_5 = R(OA_2 + OA_8)$$

$$OA_6 \cdot OA_7 = R(OA_1 - OA_4)$$

假设

$$OA_3 + OA_5 = M, OA_6 - OA_7 = N$$

$$OA_2 + OA_8 = P, OA_1 - OA_4 = Q$$

则 $MN = R^2$ 且 $PQ = R^2$.

在如下公式中代入 M, N, P, Q 的值

$$MN = R^2, PQ = R^2$$

并应用式(i)(ii)，我们得出

$$(M-N)-(P-Q)=R$$

同样,在上述公式中代入 M,N,P,Q 的值,并应用式(i)(ii),我们得出

$$(M-N)(P-Q)=4R^2$$

由此确定值 $M-N,P-Q,M,N,P,Q$.

再次 $$OA_2+OA_8=P$$

$$OA_2\cdot OA_8=RN$$

因此 OA_8 已被确定.

145. 解上述方程可得

$$M-N=\frac{1}{2}R(1+\sqrt{17})$$

$$P-Q=\frac{1}{2}R(-1+\sqrt{17})$$

$$P=\frac{1}{4}R(-1+\sqrt{17}+\sqrt{34-2\sqrt{17}})$$

$$N=\frac{1}{4}R(-1-\sqrt{17}+\sqrt{34+2\sqrt{17}})$$

$$\begin{aligned}OA_8&=\frac{1}{8}R[-1+\sqrt{17}+\sqrt{34-2\sqrt{17}}-\\&\quad 2\sqrt{17+3\sqrt{17}+\sqrt{170-26\sqrt{17}}-4\sqrt{34+2\sqrt{17}}}]\\&=\frac{1}{8}R[-1+\sqrt{17}+\sqrt{34-2\sqrt{17}}-\\&\quad 2\sqrt{17+3\sqrt{17}-\sqrt{170+38\sqrt{17}}}]\end{aligned}$$

146. 几何图形的构造可采用如下方法:

如图51所示,令 BA 为已知圆的直径,O 为圆心.点 C 为 OA 的中点,作 $AD\perp OA$,取 $AD=AB$. 联结 CD,在 CD 上点 C 的两侧取点 E,E',使得 $CE=CE'=CA$.

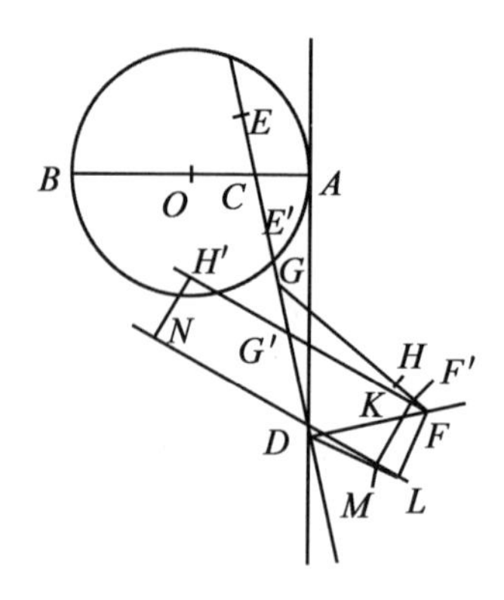

图 51

取 ED 的中点 G 与 $E'D$ 的中点 G'，作 $DF \perp CD$，取 $DF = OA$.

联结 FG，FG'.

在 FG，FG' 上分别取 H，H'，使得 $GH = EG$，$G'H' = G'D$.

显然

$$DE = M - N$$

$$DE' = P - Q$$

同样，因为

$$(DE + FH)FH = DF^2 = R^2$$

$$FH = N$$

$$(FH' - DE')FH = DF^2 = R^2$$

$$FH' = P$$

在 DF 上取一点 K，使得 $FK = FH$.

作 $KL \perp DF$，在 KL 上取一点 L，使得 $FL \perp DL$. 则

$$FL^2 = DF \cdot FK = RN$$

作 $H'N \perp FH'$，取 $H'N = FL$，作 $NM \perp NH'$. 在 NM 上确定一点 M，使得 $H'M \perp FM$，作 $MF' \perp FH'$.

则 $$F'H' \cdot FF' = F'M^2 = FL^2 = RN$$

但是 $$FF' + F'H' = P$$

所以 $$F'F = OA_8$$

第12章 一般原则

147. 在前文中我们已经使用过几种方法,例如,将一条线段二等分或三等分,将已知角二等分或更多等分,作已知直线的垂线,等等. 现在让我们来检验这些理论.

148. 一般原则为全等. 若两个几何图形的形状相同,大小相等,则称这两个图形是全等的图形.

取一张纸,对折,我们就得到一条折痕,使得所得的两个平面重合. 如果在折叠的过程中考虑它们的位置关系,则所得的折痕可视为两个平面的交集.

在将线段或者角若干等分的过程中,可以得到很多全等的部分. 等长的线段或等角是全等的.

149. 如图 52 所示,已知线段 XX',点 A'将线段 XX'分为任意两部分. 通过对折取其中点 O,则

$$OA' = \frac{1}{2}(A'X - A'X')$$

在 OX 上取一点 A，将 $X'X$ 沿点 O 对折，使得点 A 在 OX' 上的对应点为 A'. 则

$$AA' = A'X - X'A'$$

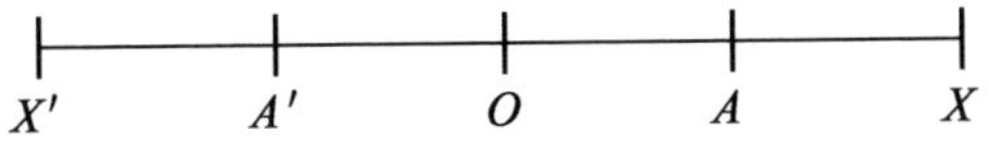

X'　A'　O　A　X

图 52

且 O 为 AA' 的中点. 当点 A' 向点 O 移动时，$A'O$ 相应地减小，且 $A'A$ 减小的速率为 $A'O$ 的二倍. 这个性质可被用来用圆规来确定一条线段的中点.

150. 上述观测结果也适用于角. 通过圆规，取两圆的交点，即可得到角分线.

151. 在线段 XX' 上，点 O 右侧的线段可被视为正的，而点 O 左侧的线段可被视为负的. 也就是说，一点从点 O 向点 A 正向移动，另一点在相反的方向 OA' 上负向移动

$$AX = OX - OA$$

$$OA' = OX' - A'X'$$

等式两边都为负的[①].

152. 若 OA 为 $\angle AOP$ 的一条固定边，OP 绕点 O 旋转，能够形成不同大小的角. OP 按逆时针方向旋转形成的角叫作正角；OP 按顺时针方向旋转形成的角叫作负角.

153. 旋转一周后，OP 与 OA 重合. 射线 OP 绕端点

---

① 见 Beman 与 Smith 的 *New Plane and Solid Geometry*, p. 56.

O 旋转一周所形成的角，叫作周角. 显然，周角等于 $360°$，是角的一边 OP 绕着顶点 O 旋转一周与另一边 OA 重合时所形成的角. 当 OP 旋转半周时，形成一条直线 POA，则此时所形成的角称为平角. 显然，平角等于 $180°$. 当 OP 旋转$\frac{1}{4}$圆周时，OP 垂直于 OA. 所有的直角大小相等. 同理，所有的平角、周角大小也相等.

154. 两条互相垂直的直线可形成四个全等的象限. 否则，不垂直的两条相交直线形成四个角，对顶角相等.

155. 平面上一点的位置，由它与两垂直直线的距离确定. 从一条直线到另一条直线的距离是平行测量的. 在解析几何中，平面图形的性质也可通过上述方法来研究. 这两条垂直相交的直线称为坐标轴；一点到两坐标轴的距离称为坐标，两坐标轴的交点称为原点. 这种方法是由笛卡儿在公元 1637 年创造的[①]，并对现代研究影响很大.

156. 若坐标轴 $X'X$，YY'交于点 O，沿 OX 方向测量的距离，也就是说，O 右侧的距离为正的，左侧的距离为负的. 对于坐标轴 YY'有类似结论，即沿 OY 方向测量的距离为正的，沿 OY'方向测量的距离为负的.

157. 轴对称可如下定义：在同一平面内，把一个图形沿着某一条定直线折叠，如果它能够与另一个图形

---

① 见 Beman 与 Smith 所译的 Fink 的著作 *History of Mathematics*，p. 230.

完全重合,则称这两个图形关于这条直线对称,这条直线叫作对称轴①.

158. 中心对称可定义如下:在同一平面内,把一个图形绕着某一点旋转180°,如果它能与另一个图形重合,那么就说这两个图形关于这个点中心对称,这个点叫作对称中心.

在第一种情况下,旋转是在已知平面的外部,而第二种情形是在同一平面内.

若在上述两种情形中,一个图形是由两个全等图形构成的,那么我们就说这个图形是关于轴或中心对称的——称为轴对称或中心对称图形.

159. 如图53所示,在象限 XOY 内作一$\triangle PQR$,沿轴 YY' 折叠,标记三个顶点,可以在象限 YOX' 内得到$\triangle PQR$ 的像,类似地,可在第三、四象限内得到$\triangle PQR$ 的像. 显然,相邻两象限内的三角形是轴对称的,而不相邻两象限内的三角形是中心对称的.

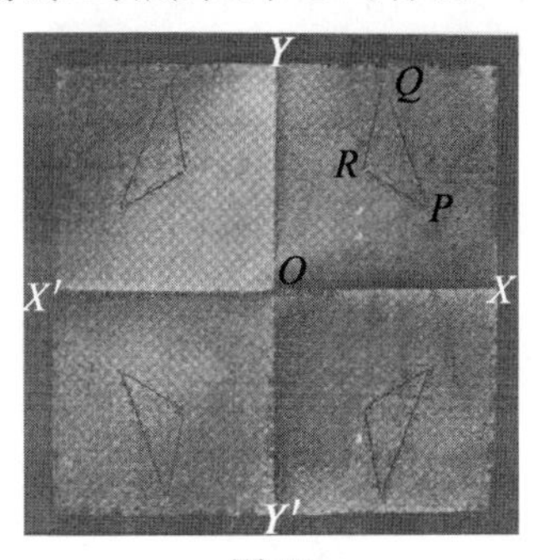

图53

① 见 Beman 与 Smith 的 *New Plane and Solid Geometry*, p. 26.

160. 边数是奇数的正多边形是轴对称图形，边数是偶数的正多边形既是轴对称图形又是中心对称图形.

161. 若一个图形有两条相互垂直的对称轴，则这两条对称轴的交点称为对称中心. 例如，边数是偶数的正多边形、圆、椭圆、双曲线、双纽线等；边数为奇数的正多边形，其对称轴数可能大于 1，但任意两条对称轴都不互相垂直. 如果将一张纸折叠两次并切割，我们得到一张具有轴对称性的纸，如果折叠四次并切割，我们得到一张具有中心对称性的纸，如图 54 所示.

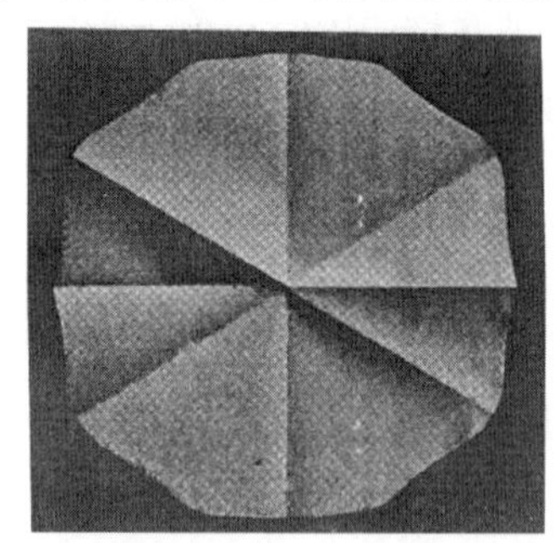

图 54

162. 平行四边形具有一个对称中心. 形状为平行四边形或等腰梯形的风筝有一个对称轴.

163. 平面内一点的位置，由它与一定点间的距离，及过这两点的一条斜线与过该定点的定直线的倾斜度所确定.

如图 55 所示，若 OA 为一定直线，点 P 为一已知点，点 P 的位置由 OP 的长度以及 $\angle AOP$ 所决定. 点 O 称为极点，$\overrightarrow{OA}$ 称为素向量，$\overrightarrow{OP}$ 称为径向量，$\angle AOP$ 称

为向量角. (OP, $\angle AOP$)称为点 P 的极坐标.

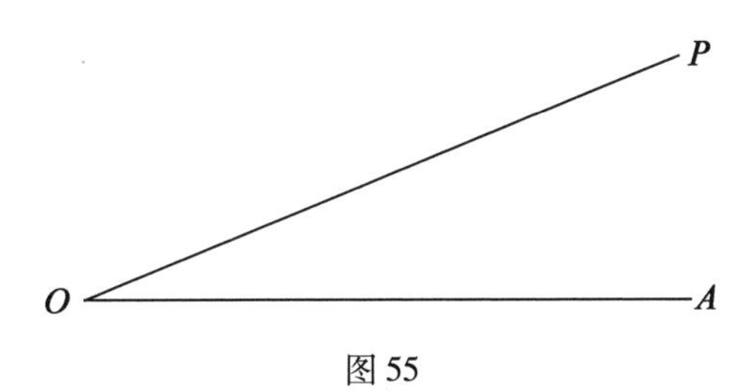

图 55

164. OA 为对称轴,沿轴 OA 对折可得一个图形的像. 对应点的径向量与对称轴的夹角相等.

165. 如图 56 所示,已知 $\triangle ABC$,分别延长边 CA,AB,BC 至点 D,E,F. 假设有一个人站在点 A 处,面朝点 D,并分别沿点 $A\to B\to C\to A$ 运动. 则依次形成 $\angle DAB$,$\angle EBC$,$\angle FCD$. 回到初始位置 A 处,他已经完成了一个周角,即度数为 360°. 因此推导出三角形三个外角之和等于 360°.

类似的结论也适用于任意凸多边形.

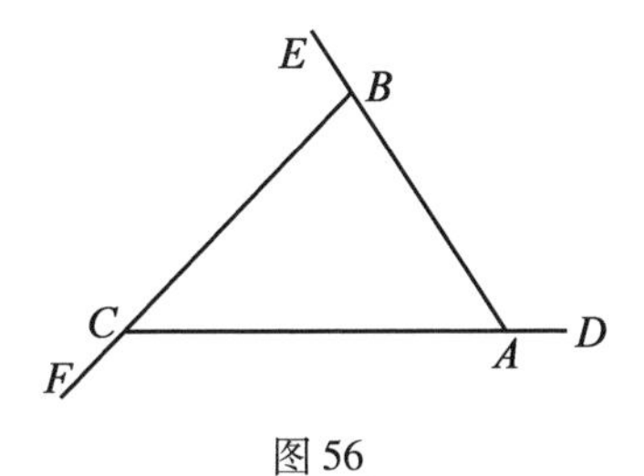

图 56

166. 假设有一个人站在点 A 处,面朝点 C,然后向 AB 方向旋转,并沿 AB,BC,CA 分别前进.

在上述情形下,这个人完成了一个平角,即 180°,他依次通过了 $\angle CAB$, $\angle EBC$, $\angle FCA$. 因此 $\angle EBF$ +

$\angle FCA + \angle CAB$(负角) $= 180°$.

上述性质也可用于铁轨上转动火车头. 一辆火车头停在 DA 处,头朝点 A,行进至 CF,头朝点 F. 然后调转运动方向,回到 EB. 继续沿 BA 向 AD 运动. 火车头依次通过了 $\angle ACB$, $\angle CBA$, $\angle BAC$. 因此,三角形的内角和为 $180°$.

167. 三角形的内角和等于 $180°$,此性质可通过如下方式来阐述:

如图 57 所示,作垂直于 AB 的折痕 CC',点 N,M 分别为 $C'B$,AC'的中点,垂直于 AB 的折痕 NA',MB'分别交 BC,AC 于点 A',B',作折痕 $A'C'$,$B'C'$.

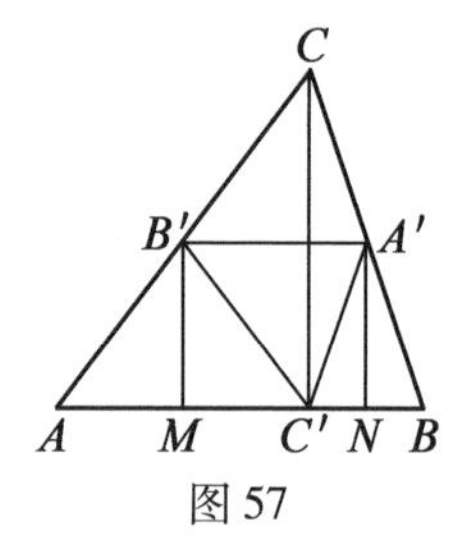

图 57

通过沿 NA',MB',$A'B'$折叠,我们发现

$$\angle A = \angle B'C'A, \angle B = \angle BC'A', \angle C = \angle A'C'B'$$

其中 $\angle B'C'A + \angle BC'A' + \angle A'C'B' = 180°$.

168. 如图 58 所示,任取一条线段 ABC,过点 A,B,C 分别作垂直于线段 ABC 的折痕. 在这三条垂线上分别取点 D,E,F,使得 $DA = EB = FC$. 易知,$DE = AB$,且 $DE \perp AD$,$DE \perp BE$;$EF = BC$,$EF \perp BE$,$EF \perp CF$. 现在,$AB(AB = DE)$为线段 AD 与 BE 之间的最短距离,且为一常量. 因此 AD 与 BE 永远不相交,也就是说 $AD /\!/$

BE. 因此,垂直于同一条直线的两条直线相互平行.

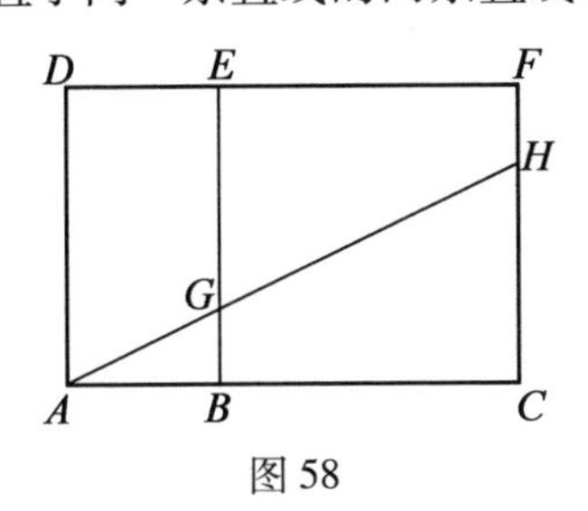

图 58

$\angle BAD+\angle EBA=180°$. 若线段 AD,BE 分别沿点 A,B 向内移动,则 AD 与 BE 相交,内角将小于 $180°$. 若 AD,BE 向后移动,则不相交.

169. 已知 AGH 为任意一条线段,交 BE 于点 G,交 CF 于点 H,则

$$\angle GAD=\angle AGB$$

因为 $\angle DAG+\angle GAB=\angle AGB+\angle GAB=90°$,且

$$\angle HGE=\angle GAD$$

所以

$$\angle GAD=\angle HGE=\angle AGB$$

同样,$\angle GAD+\angle EGA=180°$.

170. 如图 59 所示,取一条直线 AX,在其上分别取

$$AB=BC=CD=DE=\cdots$$

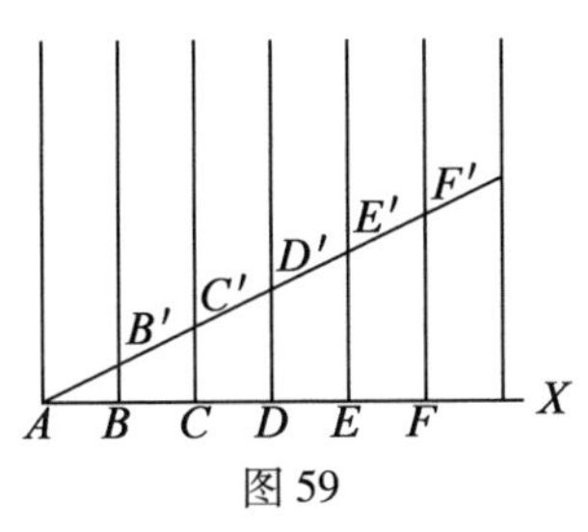

图 59

分别过点 B,C,D,E,…作 AE 的垂线,令直线 AF' 分

别交这些垂线于点 B', C', D', E', …,则 $AB' = B'C' = C'D' = D'E' = \cdots$.

若 $AB \neq BC \neq CD \neq DE$,则

$$AB:BC = AB':B'C'$$

$$BC:CD = B'C':C'D'$$

$$\vdots$$

171. 已知 $ABCDE\cdots$是一个多边形,相似多边形可通过如下方式获得.

在多边形内部任取一点 O,作 OA, OB, OC, …. 在 OA 上任取一点 A',作 $A'B'$, $B'C'$, $C'D'$, …分别平行于 AB, BC, CD, …. 则多边形 $A'B'C'D'\cdots$相似于多边形 $ABCD\cdots$. 这样描述的围绕一个共同点的多边形是透视的. 点 O 也可能位于多边形的外部. 它被称为透视中心.

172. 将一条已知线段 2, 3, 4, 5, …等分. 令 AB 为已知线段. 如图 60 所示,作 AC, BD 分别垂直于 AB,且 $AC = BD$,联结 CD,交 AB 于点 P_2. 则 $AP_2 = P_2B$.

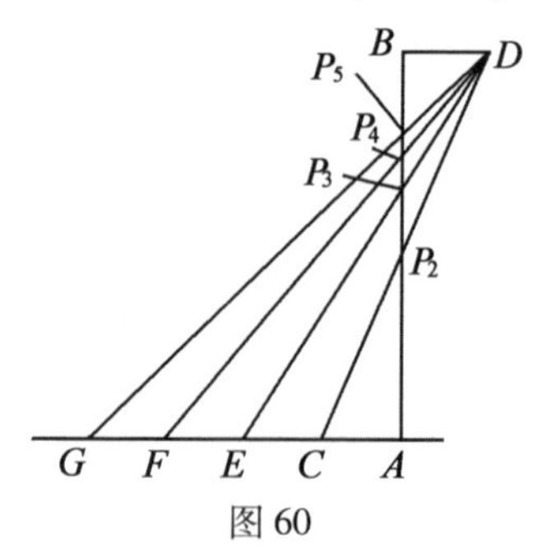

图 60

在直线 AC 上,取 $CE = EF = FG = \cdots = AC = BD$,联结 DE, DF, DG, …,分别交 AB 于点 P_3, P_4, P_5, …. 则由

相似三角形有

$$P_3B:AP_3 = BD:AE$$

所以 $P_3B:AB = BD:AF = 1:3$

类似地 $P_4B:AB = 1:4$

等等.

若

$$AB = 1$$

$$AP_2 = \frac{1}{1\times 2}$$

$$P_2P_3 = \frac{1}{2\times 3}$$

$$P_3P_4 = \frac{1}{3\times 4}$$

$$\vdots$$

$$P_nP_{n+1} = \frac{1}{n(n+1)}$$

但是 $AP_2 + P_2P_3 + P_3P_4 + \cdots = AB$

所以 $\frac{1}{1\times 2} + \frac{1}{2\times 3} + \frac{1}{3\times 4} + \cdots = 1$

或

$$1 - \frac{1}{2} = \frac{1}{1\times 2}$$

$$\frac{1}{2} - \frac{1}{3} = \frac{1}{2\times 3}$$

$$\vdots$$

$$\frac{1}{n} - \frac{1}{n+1} = \frac{1}{n(n+1)}$$

以上各式相加得

$$\frac{1}{1\times2}+\frac{1}{2\times3}+\cdots+\frac{1}{n(n+1)}=1-\frac{1}{n+1}$$

所以 $$\frac{1}{1\times2}+\frac{1}{2\times3}+\cdots+\frac{1}{(n-1)n}=1-\frac{1}{n}$$

当 n 趋于 ∞ 时，$1-\frac{1}{n}$ 的极限为 1.

173. 可采用如下方法将一条线段若干等分：

取一张长方形纸片，将其相邻两边或每条边 n 等分. 过这些等分点，作垂直于边的折痕. 在这些等分点与顶点(折痕的交点)处分别标记 $0,1,2,\cdots,n$. 现取另一张纸片，并将其边 AB n 等分. 将边 AB 的端点 A(或 B)放置在点 0 处，点 B(或 A)落在过点 n 的垂线上.

在上述情形中，AB 必须大于 $0n$. 但是矩形的宽可用来等分较短的线段.

边 AB 与上述垂线的交点即为 AB 的 n 等分点.

174. 平均位置的中心. 若线段 AB 包含 $m+n$ 个相等的部分，其上一点 C，使得 AC 包含 m 个相等的部分，CB 包含另外 n 个相等的部分. 若分别过点 A,C,B 的垂线 AD,CF,BE 落在任意直线上，则

$$m\cdot BE+n\cdot AD=(m+n)\cdot CF$$

现在，作 BGH 平行于 ED，分别交 CF,AD 于点 G，H. 过线段 AB 的等分点作平行于 BH 的线段，这些线段将 AH $m+n$ 等分，将 CG n 等分. 所以

$$n\cdot AH=(m+n)\cdot CG$$

并且因为 $DH=BE=GF$，则

$$n\cdot HD+m\cdot BE=(m+n)\cdot GF$$

因此，通过相加，得

$$n \cdot HD + m \cdot BE = (m+n) \cdot GF$$
$$n \cdot AD + m \cdot BE = (m+n) \cdot CF$$

点 C 称为平均位置的中心,或对于 m 与 n 倍数系统的 A,B 的平均中心.

以上原则可以拓展到任意数量的点上,这些点不在一条直线上. 因此,若点 P 表示过点 $A,B,C,\cdots$ 的任意直线的垂足,且 $a,b,c,\cdots$ 为对应的倍数,M 为平均中心,则

$$a \cdot AP + b \cdot BP + c \cdot CP + \cdots = (a+b+c+\cdots) \cdot MP$$

若 $a=b=c=\cdots$,则

$$a(AP+BP+CP+\cdots) = na \cdot MP$$

其中 n 为点的个数.

175. 具有相等倍数的一些点的平均位置的中心可如下获得. 点 G 为线段 AB 的中点,联结 CG,其上一点 H,使得 $GH=\frac{1}{3}GC$;联结 HD,其上一点 K,使得 $HK=\frac{1}{4}HD$,等等. 最后一点,即为这个点系平均位置的中心.

176. 平均中心或平均位置的中心这一概念源于静力学,因为一个质点系有由 $a,b,c,\cdots$ 定义的权,并置于 $A,B,C,\cdots$,将关于平均中心 M 平衡. 在重力作用下,可绕点 M 任意旋转.

因此,平均中心与静力学的重心有密切关系.

177. 不共线三点的平均中心,即为联结这三点所形成的三角形的三条中线的交点. 这也是密度均匀的三角形薄板的质心或重心.

178. 若点 M 为对应于倍数 $a,b,c,\cdots$ 的点 $A,B,C,\cdots$ 的平均中心，且点 P 为其他任意一点，则

$$\begin{aligned}&a\cdot AP^2+b\cdot BP^2+c\cdot CP^2+\cdots\\=&a\cdot AM^2+b\cdot BM^2+c\cdot CM^2+\cdots+\\&PM^2(a+b+c+\cdots)\end{aligned}$$

因此，在任一正多边形中，若点 O 为内心或外心，P 为任意一点

$$\begin{aligned}AP^2+BP^2+\cdots&=OA^2+OB^2+\cdots+n\cdot OP^2\\&=n(R^2+\cdots+OP^2)\end{aligned}$$

现在 $\quad AB^2+AC^2+AD^2+\cdots=2n\cdot R^2$

类似地

$$BA^2+BC^2+BD^2+\cdots=2n\cdot R^2$$

$$CA^2+CB^2+CD^2+\cdots=2n\cdot R^2$$

$$\vdots$$

以上各式相加得

$$2(AB^2+AC^2+AD^2+\cdots)=n\cdot 2n\cdot R^2$$

所以 $\quad AB^2+AC^2+AD^2+\cdots=n^2\cdot R^2$

179. 已知一点系，其平均中心与各点连线的平方和具有最小值.

若点 M 为平均中心，P 为不属于该点系的任意一点，则

$$\sum PA^2=\sum MA^2+\sum PM^2$$

其中，“$\sum$”表示“该类型的所有表达式之和”. 所以，当 $PM=0$（或 P 为平均中心）时，$\sum PA^2$ 取得最小值.

180. 关于线段的共点与点的共线的性质可以通过

折纸来验证. 以下是几个例子:

(1)三角形三条中线的交点称为重心.

(2)三角形三条高线的交点称为垂心.

(3)三角形三条边的垂直平分线的交点称为外心.

(4)三角形三条内角平分线的交点称为内心.

(5)令四边形 $ABCD$ 为平行四边形,点 P 为任意一点. 过点 P 作 $GH /\!/ BC$, $EF /\!/ AB$,则对角线 EG, HF 与线段 DB 共点.

(6)如果两个不全等的直线图形不仅是相似图形,而且对应边平行,则对应顶点的连线交于一点,这个点叫作相似中心.

(7)如果两个三角形对应顶点的连线交于一点,则对应边的交点在一条直线上,这就是著名的笛沙格(Desargues)定理. 这两个三角形是透视的. 若两个三角形的对应边的交点共线,则这条直线叫作透视轴. 如果两个三角形的对应顶点的连线共点,则这个点叫作透视中心.

(8)完全四边形三条对角线的中点共线.

(9)过三角形外接圆上异于三角形顶点的任意一点,作三边或其延长线上的垂线,则三垂足共线,此线常称为西姆松线.

三角形外接圆上任一点的西姆松线平分该点与三角形垂心的连线.

(10)任一三角形的外心、垂心、重心三点共线.

垂心与外心连线的中点即为九点圆的圆心.

三角形三边的中点、三条高线的垂足、垂心与各顶点连线的中点，这九点共圆. 通常称这个圆为九点圆.

九点圆的圆心与垂心的距离等于九点圆的圆心与重心的距离的2倍. 这就是著名的庞斯莱(Poncelet)定理.

(11)若 A,B,C,D,E,F 为圆上任意6个点，顺次联结即得圆的一个内接六边形，那么它的三对对边的交点在同一条直线上，这就是著名的帕斯卡(Pascal)定理.

(12)三角形内切圆的切点与对应顶点的连线交于一点，对于外接圆，结论仍然成立.

(13)三角形两内角的平分线，第三个角的外角平分线，分别与对边所在直线的交点共线.

(14)三角形三个外角的平分线与对边相交所得的三点共线.

(15)任意取一点，作该点与三角形三个顶点的连线，又从该点作三条连线的垂线，交三角形的对边的三点共线.

(16)在全等$\triangle ABC$，$\triangle A'B'C'$的一条对称轴上取一点O，$A'O$，$B'O$，$C'O$分别与BC，CA，AB相交，三个交点共线.

(17)过圆内一定点的弦的两端点处的切线对的交点共线. 这条直线称为该定点关于圆的极线.

(18)关于$\triangle ABC$三个内角的三条共点线AX，BX，CX的等角共轭线共点.（两条直线AX，AY关于$\angle BAC$

是等角共轭的，如果 AX，AY 与 $\angle BAC$ 的平分线形成的夹角相等.）

（19）在 $\triangle ABC$ 中，如果过三角形顶点与对边上一点的连线 AA'，BB'，CC' 共点，则关于对应边的等截共轭线共点.（如果截距 $BA' = CA''$，那么两条直线 AA'，AA'' 关于 $\triangle ABC$ 的边 BC 是等截共轭的.）

（20）一个三角形的三条类似中线共点.（一个三角形的中线 AM 的等角共轭线称为类似中线.）

圆锥曲线

第13章

圆

181. 取一张纸片,过其上一定点作任意多条折痕,在过公共点的折痕两侧分别取等长的线段,则这些线段的端点就位于圆周上,其中这一公共点即为圆心. 在平面内到一个定点的距离为定值的所有点的集合,称为圆.

182. 圆心相同、半径不同的圆称为同心圆. 任两个同心圆不相交.

183. 当这些同心圆的半径无限小时,圆心可视为这些同心圆的极限.

184. 半径相同的圆全等.

185. 圆周上各点处的曲率是相等的. 绕着它的圆心沿本身滑动可形成一个圆. 任何与圆相连的图形都可以绕着圆心旋转,而不改变它与圆的位置关系.

186. 一条直线穿过圆时与圆相交于两点.

187. 圆心将任意一条直径二等分. 在同一个圆中,直径的长度是半径的 2 倍. 在同一圆里,所有的直径都相等,所有的半径也相等.

188. 圆的对称中心是圆心,任意一条直径的两个端点是对应点.

189. 圆的对称轴是它的直径所在的直线,其逆命题仍成立.

190. §188, §189 所述的命题对于同心圆仍成立.

191. 每条直径将圆分成两个相等的部分,每一部分都叫作半圆.

192. 两条互相垂直的直径把圆分成相等的四部分,每一部分称为四分之一圆.

193. 把由相互垂直的两条直径所形成的直角二等分,得到 8 个 45°角,再将其二等分,如此类推,可将圆分成 2^n 个相等的扇形,其圆心角的度数为一个直角的 $\frac{4}{2^n}$,或者 $\frac{2\pi}{2^n}=\frac{\pi}{2^{n-1}}$.

194. 如上一章所述,可以将一个直角 3,5,9,10,12,15,17 等分,由此得到的每一部分亦可 2^n 等分.

195. 正多边形都有一个内切圆和一个外接圆. 正多边形与其内切圆的切点即为各边中点.

196. 在同圆或等圆中,等弧所对的圆心角相等,逆命题仍成立. 这可以通过叠加的方法来证明. 若一个圆沿着直径对折,则所得的两个半圆完全重合. 其中一个半圆周上的任一点都可以在另一半圆周上找到对应点.

197. 以两条半径为腰,可以作一等腰三角形,其第三边为由联结两半径的端点所形成的弦.

198. 平分圆心角的半径垂直于圆心角所对的弦且平分弦.

199. 已知一定直径,可以作任意数量的半径对,使得这些半径对在直径的两侧且与直径所形成的角度相等,联结这些半径对的端点所形成的弦与该直径垂直,且这些弦相互平行.

200. 平分弦的直径垂直于这条弦,并且平分弦所对的弧. 所有与这条弦平行的弦,其中点的轨迹为一条直径.

201. 垂直平分弦的直线必过圆心.

202. 在同圆或等圆中,与圆心距离相等的两弦相等.

203. 已知一直径,在其两侧与该直径呈同一角度的两个半径的端点与该直径上的任一点的距离相等. 因此,过这两点可以作任意多个圆. 换句话说,过两定点可作任意多个圆,这些圆的圆心所在的直线垂直平分联结这两点所形成的弦.

204. 令 CC' 为垂直于半径 OA 的弦,则 $\angle AOC = \angle AOC'$. 若点 C,C' 在圆周上以相等的速率向点 A 运动,则所得的弦 CC' 与自身平行,且垂直于 OA. 最终,点 C,A,C' 在点 A 处重合,且 OA 垂直于 CAC'. 点 A 是弦与圆周的最后一个公共点. 当点 A 为切点时,CAC' 为切线.

205. 圆的切线垂直于过切点的直径，逆命题仍成立.

206. 如果圆的两条弦相互平行，那么这两条弦所夹的弧相等，即$\overset{\frown}{AC}=\overset{\frown}{BD}$. 过垂直于弦 AB 与弦 CD 的直径折叠，易证上述结论成立.

207. 已知平行弦 AB，CD，联结 AC，BD，则四边形 $ACDB$ 为一梯形，它有一条对称轴，即垂直于这两条平行弦的直径. 其对角线的交点在这条直径上. 通过折叠，显然，$\angle BAD=\angle ABC=\angle ADC=\angle BCD$. 同理，在同圆或等圆中，等弧所对的圆周角相等.

208. 在同一个圆中，一条弧所对的圆周角等于它所对的圆心角的一半.

已知$\overset{\frown}{AB}$所对的圆周角为 $\angle AVB$，$\angle AOB$ 为$\overset{\frown}{AB}$所对的圆心角. 证明：$\angle AVB=\frac{1}{2}\angle AOB$.

证明　1. 如图 61 所示，联结 VO，并延长交圆周于点 X. 则 $\angle XVB=\angle VBO$.

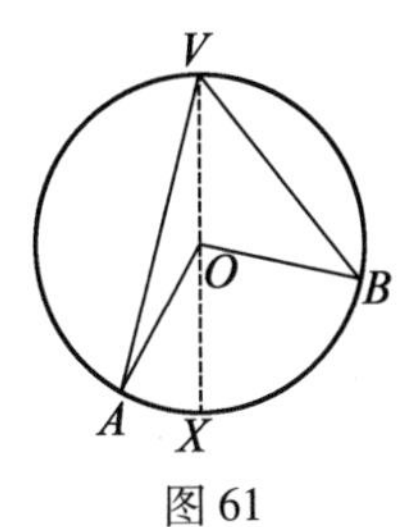

图 61

2. $\angle XOB=\angle XVB+\angle VBO=2\angle XVB$.

3. 所以 $\angle XVB=\frac{1}{2}\angle XOB$.

4. 类似地，$\angle AVX=\frac{1}{2}\angle AOX$（在图 62 中，$\angle AVX=\angle AOX=0°$），所以 $\angle AVB=\frac{1}{2}\angle AOB$.

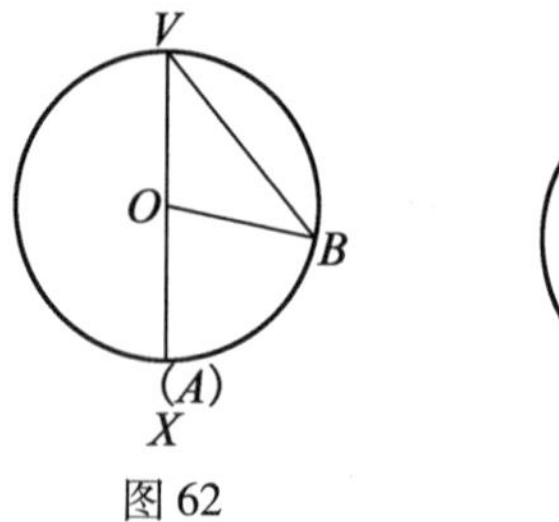

图 62

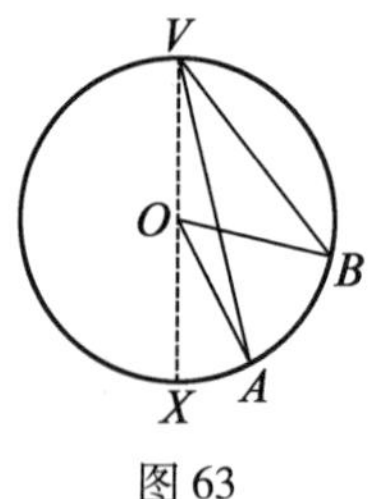

图 63

此证明对图 61 ~63 皆成立. 在图 62 中，点 A 与点 X 重合，在图 63 中，点 A 在点 X 的右侧①.

209. 在同圆或等圆中，相等的圆心角所对的弧相等.

210. 在半圆中，直径所对的圆周角等于 90°.

211. 若 AB 为一直径，弦 $DC\perp AB$，则 $ACBD$ 构成一个四边形，其中 AB 为对称轴. 则 $\angle BCA=\angle ADB=90°$，$\angle DBC+\angle CAD=180°$. 若点 A'，B' 分别为 $\overset{\frown}{DAC}$，$\overset{\frown}{CBD}$ 上其他任意两点，$\angle CAD=\angle CA'D$，$\angle DBC=\angle DB'C$，$\angle CA'D+\angle DB'C=180°$，则 $\angle B'CA'+\angle A'DB'=180°$.

相反地，对角和为 180°的四边形内接于圆.

212. 弦切角的度数等于它所夹的弧所对的圆心角度数的一半，等于它所夹的弧所对的圆周角度数.

---

① 上述图形与证明见 Beman 与 Smith 的 *New Plane and Solid Geometry*, p. 129.

已知 AC 为圆 O 的切线，A 为切点，AB 为弦. 联结 OA，OB，作 $OD\perp AB$，则 $\angle BAC=\angle AOD=\frac{1}{2}\angle BOA$.

213. 如图 64 所示，联结两切点所构成的弦与直径垂直，即 $DF\perp BC$. 切线 AB，AC 交于点 A，联结 AO，则 OA 为 $\angle BAC$，$\angle BOC$ 的角分线，且平分弦 BC，$AC=AB$.

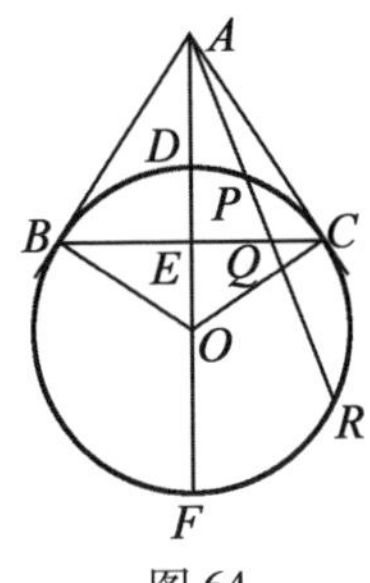

图 64

沿圆心与两切线的交点折叠，易证上述结论成立.

令 AC，AB 为圆 O 的两条切线，直线 $ADEOF$ 过切线 AB，AC 的交点 A 与圆心 O，直线 $ADEOF$ 交圆 O 于点 D，F，且与 BC 交于点 E.

则 AC 或 AB 为 AD 与 AF 的比例中项，AE 为调和中项，AO 为算术中项. 有

$$AB^2=AD\cdot AF, AB^2=OA\cdot AE$$

所以

$$AE=\frac{AD\cdot AF}{OA}=\frac{2AD\cdot AF}{AD+AF}$$

类似地，若过点 A 的一条弦交圆 O 于点 P，R，交 BC 于点 Q，则 AQ，AC 分别为 AP，AR 的调和中项与比例中项. 故

214. 在 $\mathrm{Rt}\triangle OCB$ 中，CA 为斜边上的高. 在 AB 上取一点 D，使得 $OD=OC$（图 65），则

$$OA \cdot OB = OC^2 = OD^2$$

且
$$OA:OC = OC:OB$$

$$OA:OD = OD:OB$$

以点 O 为圆心,OC 或 OD 为半径作圆.

CDE 为反演圆,点 O 为反演中心,A 与 B 互为反演点.

因此,取反演中心为坐标原点,OO'为轴线,过点 A 作直线垂直于 OA,直线与圆 O 的交点 C 处的切线与 OO'交于点 B,则 A 与 B 互为反演点.

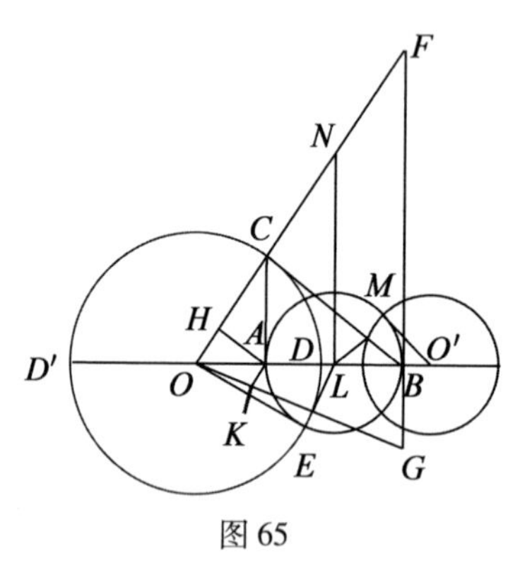

图 65

因此,以圆心 O 为原点,OO'为坐标轴,圆上一点 C 在坐标轴上的投影 A 与点 C 处的切线与坐标轴的交点 B 互为反演点.

215. 作垂直于 OB 的折痕 FBG,则直线 FBG 称为点 A 关于极圆 CDE、极心 O 的极线,点 A 称为极线 FBG 的极点. 相反地,点 B 为 AC 的极点,且 CA 为点 B 关于同一圆的极线.

216. 作 OC 交折痕 FBG 于点 F,作折痕 $AH \perp OC$.

则点 F,H 互为反演点.

AH 为点 F 的极线，过点 F 垂直于 OF 的垂线称为点 H 的极线.

217. A,B,F,H 四点共圆.

也就是说，两点与它们的反演点，四点共圆.

在折痕 FBG 上取一点 G，作 OG 和垂直于 OG 的折痕 AK. 则 K,G 为对应于圆 CDE 的两个反演点.

218. F,B,G 三点共线，其中它们的极线都过点 A.

因此，共线的点的极线必共点.

219. 相互在对方极线上的两点称为共轭点. 相互通过对方极点的直线称为共轭直线.

$A,F;A,B;A,G$ 为共轭点.

两点连线的极点为此两点极线的交点. 两直线交点的极线为此两直线极点的连线.

220. 当点 A 向点 D 运动时，点 B 亦向点 D 移动，最终 A,B 两点重合，FBG 为切线，B 为切点.

因此，圆上任意一点的极线亦是此点处圆的切线.

221. 当点 A 向点 O 移动时，点 B 向无穷远处移动. 反演中心或极心的极线为无穷远处的直线.

222. 两点的极线之间的夹角等于这两点与极心连线所成的夹角.

223. 以 B 为中心、BC 为半径的圆与圆 CDE 正交.

224. L 为 AB 的中点，作折痕 $LN\perp AB$，则所有通过点 A,B 的圆，其中心都在直线 LN 上. 这些圆与圆 CDE 正交. 外接于四边形 $ABFH$ 与 $ABGK$ 的圆即为上述圆，AF,AG 分别为各自圆的直径. 因此，如果两圆正交，那么其中一个圆的任一直径的端点关于另一个圆是共轭点.

225. O,A,H,K 四点共圆,H,A,K 为直线 FBG 上点的反演点,一条直线的反演是通过反演中心与给定直线的极点的圆,逆命题仍成立.

226. 若 DO 的延长线交圆 CDE 于点 D',则 D,D' 称为 A,B 的调和共轭点. 类似地,过点 B 的任意一条直线交 AC 于点 A',交圆 CDE 于点 d,d',则 d,d'为 A',B 的调和共轭点.

227. 作折痕 $LM=LB=LA$,$MO'\perp LM$,交 AB 于点 O'. 则以 O'为中心,$O'M$ 为半径的圆与以 L 为中心,LM 为半径的圆正交.

现在 $$OL^2=OE^2+LE^2$$

且 $$O'L^2=O'M^2+LM^2$$

所以 $$OL^2-O'L^2=OE^2-O'M^2$$

所以,LN 为圆 $O(OC)$与圆 $O'(O'M)$的根轴.

在半圆 AMB 上取其他点,重复上述过程,我们可以得到两个关于 $O(OC)$与 $O'(O'M)$的共轴圆的无限系统,即两个系统在根轴 LN 的两侧. 每个系统的点圆为一点,即 A 或 B,可视为一无限小的圆.

圆的两个无限系统可视为一共轴系统,系统中圆的范围从无限大到无限小——根轴为无限大圆,极限点为无限小圆. 这个共轴圆系统称为极限点类.

若两圆相交,则这两圆的根轴为公共弦所在的直线. 因此,过点 A,B 的所有圆共轴. 这个共轴圆系统称为共点类.

228. 取两条直线 OAB 与 OPQ，过直线 OAB 上的点 A，B 分别作 AP，BQ 垂直于 OPQ，则分别以 A，B 为圆心，AP，BQ 为半径的圆与直线 OPQ 切于点 P，Q.

则

$$OA:OB = AP:BQ$$

无论垂线是朝向相同的或相反的部分，结论仍然成立.

在第一种情形下，点 O 在 AB 的外部，在第二种情形下，点 O 在 A 与 B 之间. 在前一种情形下，点 O 称为两圆的相似外心，在后一种情形下，点 O 称为两圆的相似内心.

229. 若两圆的平行半径在同一方向上，则这两条半径端点的连线必经过它们的相似外心；若两圆的平行半径在相反的方向上，则这两条半径端点的连线必过它们的相似内心.

230. 一个圆的绘制到它与通过其相似中心的任何一条直线的交点的两条半径分别平行于另一个圆的绘制到它与同一直线的交点的两条半径.

231. 通过两圆相似中心的所有割线被这两个圆以相同比率分割.

232. 如图 66 所示，若 B_1，D_1 和 B_2，D_2 分别是割线与两圆的交点，B_1，B_2 和 D_1，D_2 是对应点，则

$$OB_1 \cdot OD_2 = OD_1 \cdot OB_2 = OC_2^2 \cdot \frac{X_1C_1}{X_2C_2}$$

因此，不通过反演中心的圆的反演图形仍是一个圆.

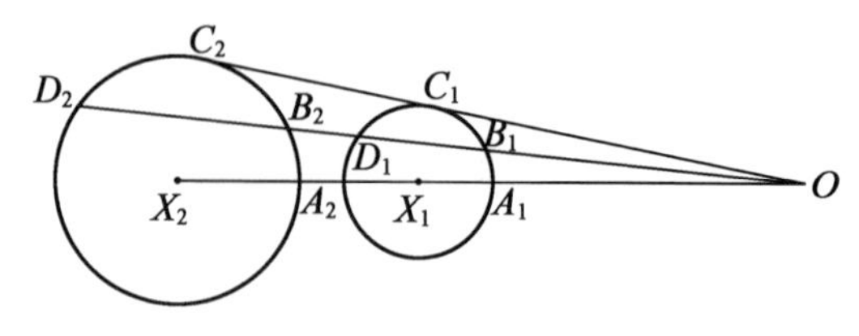

图 66

原始圆与其反演圆的反演中心即为相似中心.

原始圆、反演圆共轴.

233. 反演的方法在几何范围内非常重要. 它是都柏林三一学院的教授 Stubbs 与 Ingram 于 1842 年发现的. 在电力数学理论方面, 威廉·汤姆森(William Thomson)用反演理论给出了很多困难命题的证明.

抛 物 线

234. 抛物线是指平面内到一个定点和一条定直线距离相等的点的轨迹.

235. 图 67 展示了如何在一张纸上描点作出一条抛物线. 正方形的边 MN 所在的直线称为准线, 点 O 叫作抛物线的顶点, 点 F 叫作抛物线的焦点. 沿 OX 折叠, 可得抛物线的轴线. 作平行于轴的若干条直线, 将正方形的上半部分若干等分. 这些平行线与准线交于若干点. 通过折叠, 使得这些点与焦点重合, 并标记出折叠时所形成的折痕与对应水平线的交点. 由此可得抛物线上的点. 通过折叠也可得到曲线上任意一点的切线.

图 67

236. 已知 $FL \perp OX$，则 FL 称为半通径.

237. 当曲线上半部分的点已经确定时，曲线下半部分的对应点可通过沿轴线对折而获得.

238. 以抛物线的轴线和顶点处的切线为轴建立直角坐标系，取顶点为原点，则抛物线方程为

$$y^2 = 4ax \text{ 或 } PN^2 = 4 \cdot OF \cdot ON$$

抛物线也可定义为平面内到一定直线距离的平方与到另一直线的距离成比例的点的轨迹. 或纵坐标为横坐标与通径的比例中项的点的轨迹，其中通径等于 $4 \cdot OF$，因此有如下结构(图 68).

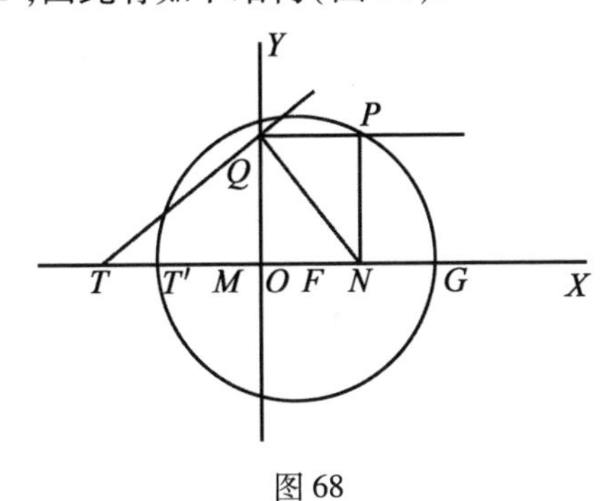

图 68

在直线 OF 上取 $OT = 4 \cdot OF$.

点 M 为 TN 的中点.

在直线 OY 上取一点 Q,使得 $MQ=MN=MT$.

过点 Q 进行折叠,使得 $QP\perp OY$.

令点 P 为直线 QP 与过点 N 的纵线的交点.

则点 P 为曲线上一点.

239. 次法线长等于 $2OF$,且 $FP=FG=FT'$.

上述性质表明以下作图法.

在轴线上任取一点 N. 在点 N 远离顶点的一侧取一点 G,使得 $NG=2OF$.

作折痕 $NP\perp OG$,在直线 NP 上确定一点 P,使得 $FP=FG$.

则点 P 为曲线上一点.

以点 F 为中心,FG,FP,FT'为半径可作一圆.

圆的双纵坐标也同样是抛物线的双纵坐标. 也就是说,当点 N 沿轴线运动时,点 P 的轨迹即为一个抛物线.

240. 在点 O,F 之间任取一点 N'(图 69). 作折痕 $RN'P'\perp OF$.

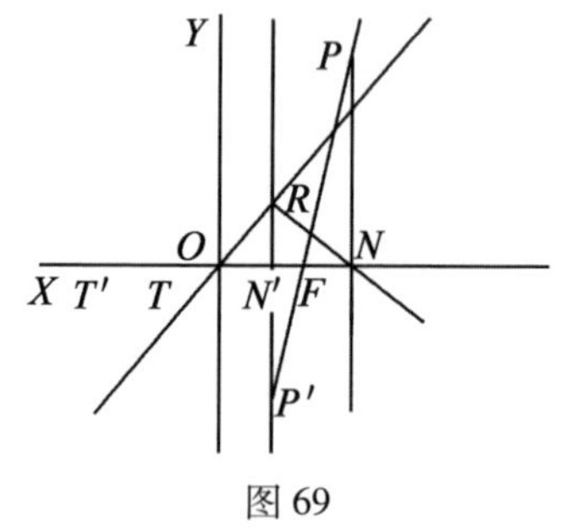

图 69

取一点 R,使得 $OR=OF$.

作折痕 $RN\perp OR$,点 N 在轴线上. 作折痕 NP 垂直

于轴线.

现在,在直线 OX 上取 $OT = ON'$.

在 RN' 上取一点 P',使得 $FP' = FT$.

折痕 $P'F$ 交 NP 于点 P.

则点 P,P' 为曲线上的两点.

241. 当 PFP' 为通径时,点 N 与 N' 重合.

当点 N' 由点 F 向点 O 移动时,点 N 从点 F 向无穷远处移动.

同时,点 T 向点 O 移动,且 $T'(OT' = ON)$ 向相反方向移动到无穷远处.

242. 求抛物线与轴线及一纵线所围面积.

作矩形 $ONPK$. 将 OK n 等分,其中假设 Om 包含 r 部分,mn 为第 $r+1$ 部分. 作 $mp \perp OK$,$nq \perp OK$,分别交抛物线于点 p,q,且 $pn' \perp nq$. 在与 mn 对应的部分上构造 mn',一系列矩形面积之和的极限即为由曲线组成的面积 OPK.

但是

$$S_{\square pn} : S_{\square NK} = (pm \cdot mn) : (PK \cdot OK)$$

且由抛物线的性质

$$pm : PK = Om^2 : OK^2 = r^2 : n^2$$

且

$$mn : OK = 1 : n$$

所以

$$(pm \cdot mn) : (PK \cdot OK) = r^2 : n^3$$

因此

$$S_{\square pn} = \frac{r^2}{n^3} \cdot S_{\square NK}$$

因此,一系列矩形的和为

$$\frac{1^2 + 2^2 + 3^2 + \cdots + (n-1)^2}{n^3} \times S_{\square NK}$$

$$=\frac{(n-1)n(2n-1)}{1\times2\times3\times n^3}\times S_{\square NK}$$

$$=\frac{2n^3-3n^2+n}{1\times2\times3\times n^3}\times S_{\square NK}$$

$$=\left(\frac{1}{3}-\frac{1}{2n}+\frac{1}{6n^2}\right)\times S_{\square NK}$$

当 $n\to\infty$ 时,上式等于$\frac{1}{3}\times S_{\square NK}$.

所以曲线组成的面积 OPK 等于$\frac{1}{3}\times S_{\square NK}$,抛物线形的面积 OPN 等于$\frac{2}{3}\times S_{\square NK}$.

243. 当任何直径和一个纵坐标作为抛物线区域的边界时,上述方法亦适用.

椭　　圆

244. 椭圆为平面内到定点的距离与到定直线的距离之比为常数的点的集合.

如图 70 所示,设 F 为焦点,OY 为准线,直线 XX' 经过点 F 且与 OY 垂直. 令 $FA:AO$ 为常数比,且 $FA<AO$. A 为曲线上的一点,称为顶点.

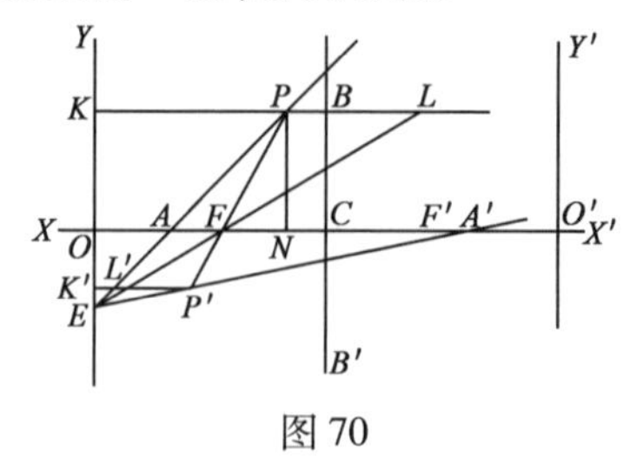

图 70

参照§116,在直线 XX' 上确定一点 A',使得

$$FA':A'O = FA:AO$$

则 A' 为曲线上的另一点,即第二个顶点.

对折 AA',可得其中点 C,称为中心,点 F',O' 分别与点 F,O 对应. 过点 O' 进行折叠,使得 $O'Y' \perp XX'$. 则 F' 为第二个焦点,$O'Y'$ 为第二条准线.

对折 AA',可得过点 C 的垂线. 故

$$\begin{aligned} FA:AO &= FA':A'O \\ &= (FA + FA'):(AO + A'O) \\ &= AA':OO' \\ &= CA:CO \end{aligned}$$

在过点 C 的垂线上取分居在点 C 两侧的点 B,B',使得 $FB = FB' = CA$. 则点 B,B' 在曲线上.

AA' 称为长轴,BB' 称为短轴.

245. 为确定曲线上的其他点,在准线上任取一点 E,过点 E,A;E,A' 分别折叠. 过点 E,F 折叠,并标记出 FP' 与 EA 的交点 P. 沿 PF 折叠,交 EA' 于点 P',则点 P,P' 为曲线上两点.

过点 P,P' 折叠,使得 KPL 与 $K'L'P'$ 垂直于准线,K,K' 在准线上,且 L,L' 在 EL 上.

FL 为 $\angle A'FP$ 的平分线,所以

$$\angle LFP = \angle PLF, FP = PL$$

$$FP:PK = PL:PK = FA:AO$$

且

$$\begin{aligned} FP':P'K' &= P'L':P'K' \\ &= FA':A'O \end{aligned}$$

$$=FA:AO$$

若 $EO=FO$，则 $FP\perp FO$，且 $FP=FP'$. PP' 为通径.

246. 当曲线左半部分上的点已经被确定时，对应右半部分上的点可通过沿短轴对折来得到.

247. 椭圆也可定义如下：

若存在一动点 P，使得 $PN^2:(AN\cdot NA')$ 为常数比，PN 为点 P 到直线 AA' 的距离，点 N 在 A，A' 之间，则点 P 的轨迹即为椭圆，其中 AA' 为轴线.

248. 在圆中，$PN^2=AN\cdot NA'$.

在椭圆中，$PN^2:(AN\cdot NA')$ 为常数比.

这个比值小于或大于 1. 在前一种情形下，$\angle APA'$ 为锐角，曲线位于以 AA' 为直径的辅助圆的内部. 在后一种情形下，$\angle APA'$ 为钝角，曲线位于圆的外部. 在第一种情形下，AA' 为长轴，在第二种情形下，AA' 为短轴.

249. 上述定义对应的方程为

$$y^2=\frac{b^2}{a^2}(2ax-x^2)$$

其中顶点位于原点处.

250. $AN\cdot NA'$ 等于辅助圆的纵坐标 QN 的平方，且 $PN:QN=BC:AC$.

251. 图 71 向我们展示了当常数比小于 1 时，椭圆上的点是如何被确定的. 因此，取 $CD=AC$ 为半长轴. E 为 AC 上任一点，联结 DE 交辅助圆于点 Q，作 $B'E$ 交 QN 于点 P. 则

$$PN:QN=B'C:DC=BC:AC$$

图 71

当常数比大于 1 时,也可由上述过程确定椭圆. 当一个象限中的点被确定时,其他象限的对应点也因此被确定.

252. 若 P,P' 为一椭圆的两条共轭直径的端点,纵坐标 MP 与 $M'P'$ 分别交辅助圆于点 Q,Q',则 $\angle QCQ'=90°$.

现在,取一张长方形卡片或纸片. 以相邻两边分别为短轴与长轴,绕点 C 旋转卡片,标出内、外辅助圆上的对应点. 令 Q,R 与 Q',R' 为一个位置处的点,折叠纵坐标 $QM,Q'M'$,并且 $RP,R'P'$ 垂直于纵坐标. 则点 P,P' 为曲线上的两点.

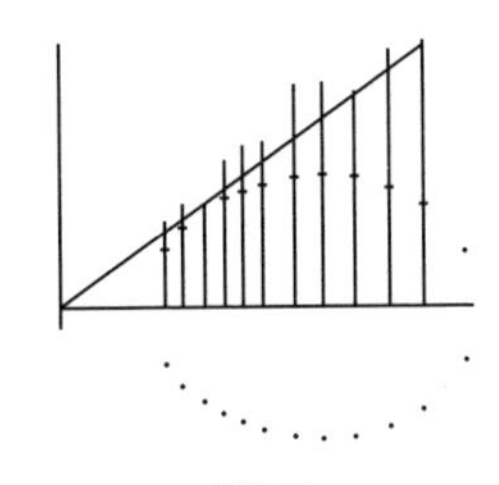

图 72

253. 曲线上的点可由以下圆锥曲线的性质所确定.

圆锥曲线上一点的焦距等于与通径末端切线相交的纵坐标的长度.

254. 如图 73 所示,取 A,A' 为任意两点,作直线

AA'. 在 AA' 上任取一点 D,作 $DR\perp AD$. 在直线 DR 上任取一点 R,联结 RA,RA'. 作 $AP\perp AR$,交 RA' 于点 P. 当点 R 在 DR 上运动时,所确定的点 P 的轨迹即为椭圆,其中 AA' 为长轴.

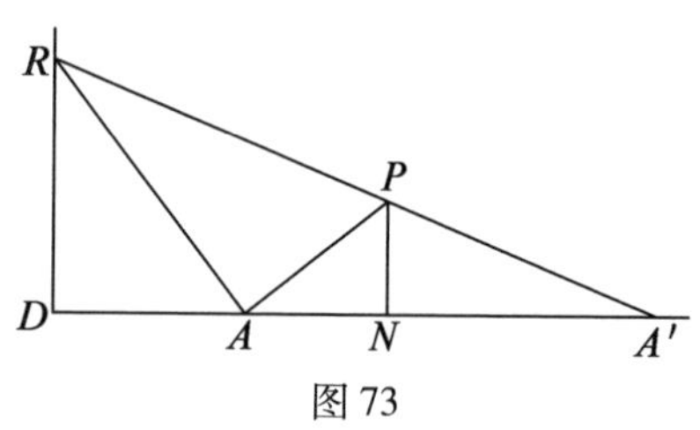

图 73

作 $PN\perp AA'$.

现在,因为 $PN/\!/RD$,所以

$$PN:A'N=RD:A'D$$

由 $\triangle APN$, $\triangle DAR$ 知

$$PN:AN=AD:RD$$

所以,$PN^2:(AN\cdot A'N)=AD:A'D$ 为小于 1 的常数比,从结构上可明显看出,点 N 必须介于 A,A'之间.

双　曲　线

255. 平面内到一个定点与一条定直线的距离之比为大于 1 的常数的点的轨迹称为双曲线.

256. 双曲线的构造与椭圆类似,但部分位置关系是不同的. 如 § 119 所述,点 X,A' 位于准线的左侧. 每条准线都位于 A,A'之间,焦点不与这些点重合. 双曲线由两条一侧打开的分支构成. 两条分支完全位于两

个对顶角内侧,这两个对顶角由两条穿过中心的直线构成,这两条直线称为渐近线(当曲线上一点沿曲线无限远离原点时,如果这一点到一条直线的距离无限趋近于零,那么这条直线称为这条曲线的渐近线). 它们是无穷远处曲线的切线.

257. 双曲线也可按如下方式定义:若存在一动点 P,使得 $PN^2:(AN \cdot NA')$ 为一常数比,PN 为点 P 到直线 AA'的距离,其中 A,A'为两定点,点 N 位于 A,A'之外,则点 P 的轨迹即为双曲线,其中 AA'为横轴.

对应曲线的方程为

$$y^2 = \frac{b^2}{a^2}(2ax + x^2)$$

其中原点与双曲线的右顶点重合.

如图 74 向我们展示了如何应用公式来确定曲线上的点.

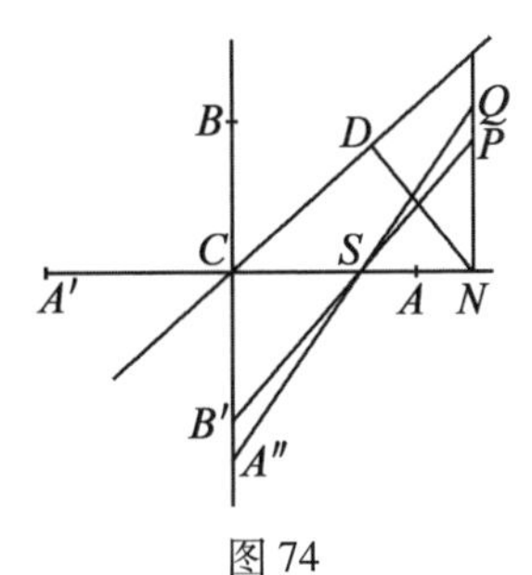

图 74

令点 C 为中心,A 为曲线的顶点.

$$CB' = CB = b$$

$$CA' = CA = a$$

过点 C 作任一直线 CD,取 $CD = CA$. 作 $DN \perp CD$,

$NQ \perp CA$,取 $NQ = DN$,QA''与 CA 交于点 S,$B'S$ 与 QN 交于点 P,则点 P 为曲线上一点.

因为 DN 为以 AA'为直径的圆的切线,所以

$$DN^2 = AN \cdot (2CA + AN)$$

或者因为

$$QN = DN$$

$$QN^2 = x(2a + x)$$

$$\frac{QN}{PN} = \frac{A''C}{B'C}$$

两边平方得

$$\frac{x(2a + x)}{y^2} = \frac{a^2}{b^2}$$

或
$$y^2 = \frac{b^2}{a^2}(2ax + x^2)$$

若 $QN = b$,则 N 为焦点,CD 为一条渐近线. 若以 AC,BC 为边作矩形,则其对角线即为曲线的渐近线.

258. 双曲线可由 §253 中的性质来描述.

259. 实轴和虚轴相等的双曲线叫作等轴双曲线或直角双曲线. 其中 $a = b$,且方程变为

$$y^2 = (2a + x)x$$

在这种情况下,结构更简单,因为双曲线的纵坐标本身是 AN 与 $A'N$ 的比例中项,因此等于过点 N 的以 AA'为直径的圆的切线长.

260. 当等轴双曲线的中心为原点,且以其中一个轴为极轴时,其极方程为

$$r^2 \cos 2\theta = a^2$$

或
$$r^2=\frac{a}{\cos 2\theta}\cdot a$$

如图 75 所示,以 OX,OY 为轴,将直角 $\angle YOX$ 若干等分. 设 $\angle XOA=\angle AOB$. 作 $XB\perp OX$,联结 BO,取 $OF=OX$. 作 $OG\perp BF$,在直线 OG 上确定一点 G,使得 $\angle FGB=90^\circ$,取 $OA=OG$. 则点 A 为曲线上一点.

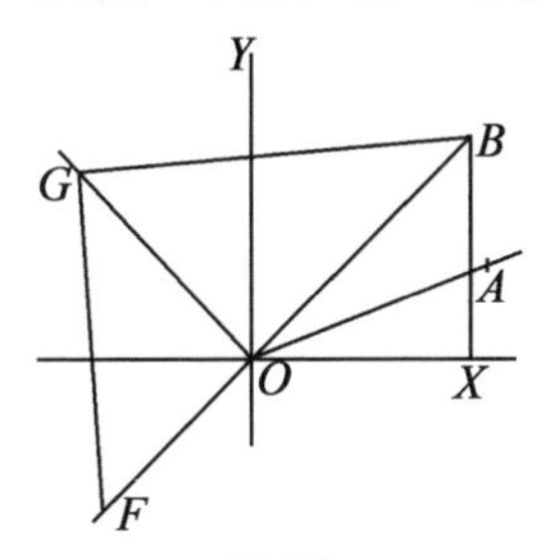

图 75

现在,令 $\angle XOA=\angle AOB=\theta$,则
$$OB=\frac{a}{\cos 2\theta}$$

且
$$OA^2=OG^2=OB\cdot OF=\frac{a}{\cos 2\theta}\cdot a$$

所以
$$r^2\cos 2\theta=a^2$$

261. 一系列相接圆弧的三等分点位于离心率为 2 的两个双曲线的分支上. 这个定理可用于将一个角三等分[①].

---

① 见 Taylor 所著的 *Ancient and Modern Geometry of Conics*.

第14章 混合曲线

262. 在最后一章,我们将对一些著名的曲线做简要介绍.

蔓　叶　线[①]

263. 蔓叶线又称为常春藤型曲线,有如下定义:令 OQA 为以 OA 为直径的半圆(图 76),QM,RN 为与圆心等距的半圆的纵坐标,OR 与 QM 交于点 P. 则点 P 的轨迹即为蔓叶线.

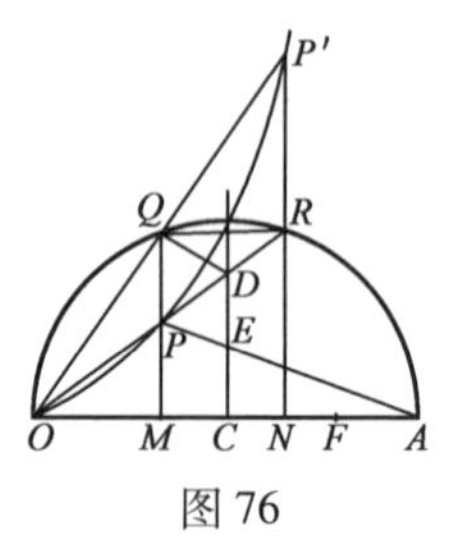

图 76

① 见 Beman 与 Smith 所译的 Klein 的著作 *Famous Problems of Elementary Geometry*, p.44.

若 $OA=2a$,则曲线方程为

$$y^2(2a-x)=x^3$$

现在,设 PR 与过点 C 的垂线交于点 D,AP 与 CD 交于点 E.

$$RN:CD=ON:OC=AM:AC=PM:EC$$

所以

$$RN:PM=CD:CE$$

但是

$$\begin{aligned}RN:PM&=ON:OM=ON:AN\\&=ON^2:NR^2=OC^2:CD^2\end{aligned}$$

所以

$$CD:CE=OC^2:CD^2$$

若 CF 为 CD 与 CE 的比例中项,则

$$CD:CF=OC:CD$$

所以

$$OC:CD=CD:CF=CF:CE$$

因此,CD 与 CF 为 OC 与 CE 的两个比例中项.

264. 蔓叶线是由狄奥克莱斯(Diocles)在公元前 180 年发现的曲线. 其目的是确定两条给定线段的两个比例中项. 已知 OC,CE,点 P 可借助于蔓叶线来确定,因此确定出点 D.

265. 若 $PD=DR=OQ$,则 OP 三等分 $\angle AOQ$.

联结 QR,则 $QR /\!/ OA$,且

$$DQ=DP=DR=OQ$$

所以

$$\angle ROQ=\angle QDO=2\angle QRO=2\angle AOR$$

蚌　线[1]

266. 蚌线是由古希腊数学家尼科梅德斯(Nicomedes)在研究几何三大作图问题时发现的(公元前150年). 令 O 为一定点, DM 为一定直线,点 O 到直线 DM 的距离为 a,过点 O 作一束与直线 DM 相交的射线. 如图77所示,射线 OP 交直线 DM 于点 P,使 $PQ' = PQ = b$,则所得点 Q'的轨迹称为蚌线. 当 $b > a, b = a, b < a$ 时,原点分别为结点、尖点、共轭点. 图77为 $b > a$ 的情形[2].

267. 蚌线也可用来确定两给定线段的两个比例中项与任意角的三等分线.

令 OA 为两条线段中较长的一个,要求两个比例中项.

如图78所示,已知 B 为 OA 的中点,以 O 为圆心、OB 为半径作圆. 弦 BC 为给定线段中较短的那一条. 联结 AC,分别延长 AC, BC 至点 D, E,使得 D, E, O 三点共线,且 $DE = OB$ 或 BA. 则 ED, CE 即为所求的两个比例中项.

---

① 见 Beman 与 Smith 所译的 Klein 的著作 *Famous Problems of Elementary Geometry*, p. 40.

② 见 Beman 与 Smith 所译的 Klein 的著作 *Famous Problems of Elementary Geometry*, p. 46.

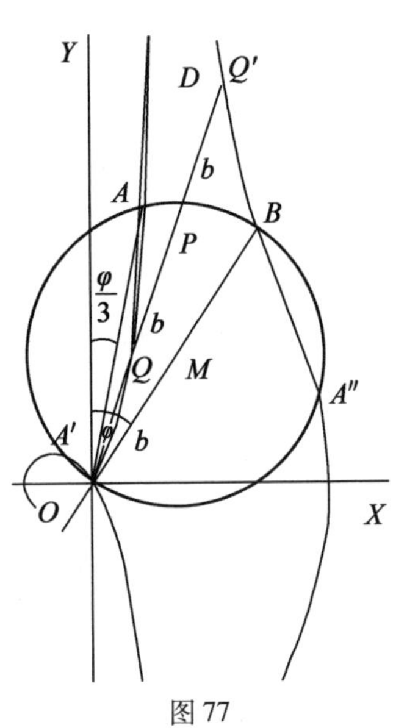

图 77

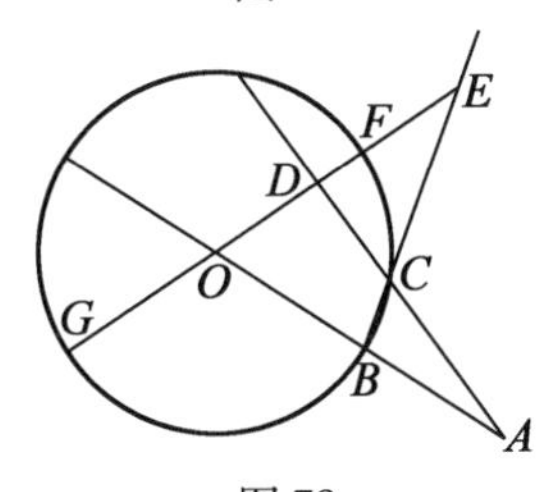

图 78

令直线 OE 与圆 O 交于点 F,G.

由梅涅劳斯(Menelaus)定理[①]

$$BC \cdot ED \cdot OA = CE \cdot OD \cdot BA$$

所以

$$BC \cdot OA = CE \cdot OD$$

---

① 见 Beman 与 Smith 的 *New Plane and Solid Geometry*, p. 40.

或 $$\frac{BC}{CE}=\frac{OD}{OA}$$

因此 $$\frac{BE}{CE}=\frac{OD+OA}{OA}=\frac{GE}{OA}$$

但是 $$GE\cdot EF=BE\cdot EC$$

所以 $$GE\cdot OD=BE\cdot EC$$

故 $$OA\cdot OD=EC^2$$

因此 $$OA:CE=CE:OD=OD:BC$$

点 E 的位置是借助于蚌线来确定的,其中 AD 为渐近线,O 为焦点,且 DE 为常数截距.

268. 将已知角三等分可通过如下方式来实现:如图 77 所示,令 $\angle MOY=\varphi$,即被三等分的角. 在射线 OM 上取 $OM=b$,其中 b 为任意长度. 以点 M 为中心,b 为半径作圆,过点 M 作垂直于 OX 轴的垂线,即要构造蚌线的渐近线. 构造蚌线,联结 OA,其中 A 为蚌线与圆 M 的交点,则 $\angle AOY=\frac{1}{3}\varphi$[①].

箕 舌 线

269. 若 OQA(图 79)为一半圆,NQ 为它的一个纵坐标,$PN:QN=OA:ON$,则点 P 的轨迹称为箕舌线.

---

① 见 Beman 与 Smith 所译的 Klein 的著作 *Famous Problems of Elementary Geometry*, p. 46.

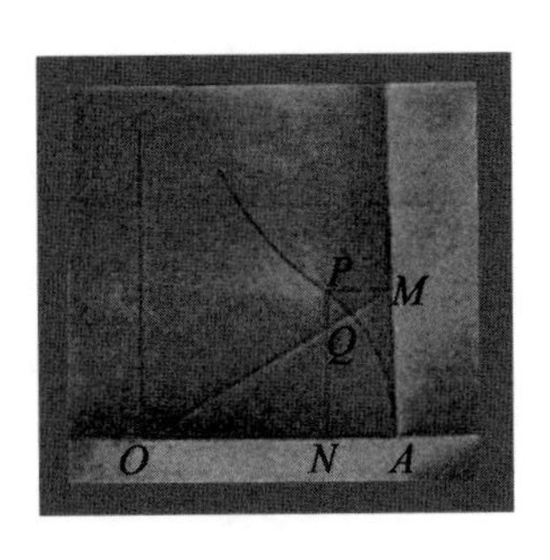

图79

作折痕 $AM \perp OA$,过点 O,Q,M 折叠,得折痕 OQM. 作出矩形 $NAMP$.

$$PN:QN = OM:OQ = OA:ON$$

则点 P 在箕舌线上.

曲线的方程为

$$xy^2 = a^2(a-x)$$

箕舌线是由博洛尼亚大学的女数学家玛利亚·阿涅西(Maria Gaetana Agnesi)提出的.

三次抛物线

270. 三次抛物线的方程为 $a^2y = x^3$.

如图80所示,以 OX,OY 所在的直线为轴建立直角坐标系,令 $OA = a,OX = x$.

在轴 OY 上取 $OB = x$. 联结 BA,在轴 OY 上取一点 C,使得 $AC \perp AB$,联结 CX,作 $XY \perp CX$.

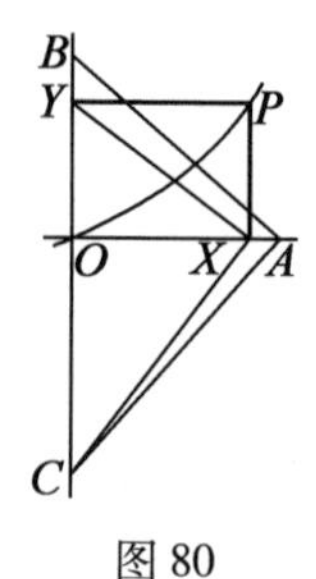

图 80

完成矩形 $XOYP$.

则点 P 为曲线上一点.

$$y = XP = OY = \frac{x^2}{OC} = x^2 \cdot \frac{x}{a^2} = \frac{x^3}{a^2}$$

所以
$$a^2 y = x^3$$

调和曲线或正弦曲线

271. 琴弦振动可形成调和曲线. 曲线上点的纵坐标与对应角的正弦成比例,对应的横坐标是一些给定的长度.

令 AB(图 81)为已知线段. 延长 BA 至点 C,作折痕 $AD \perp AB$. 将 $\angle DAC$($\angle DAC = 90°$)若干等分,比方说,4 等分. 在 $\angle DAC$ 的等分线上分别取

$$AC = AP = AQ = AR = AD$$

即振幅的大小.

分别过点 P, Q, R 作 AC 的垂线,则 PP', QQ', RR', DA 分别与 $\angle PAC$, $\angle QAC$, $\angle RAC$, $\angle DAC$ 的正弦值成比例.

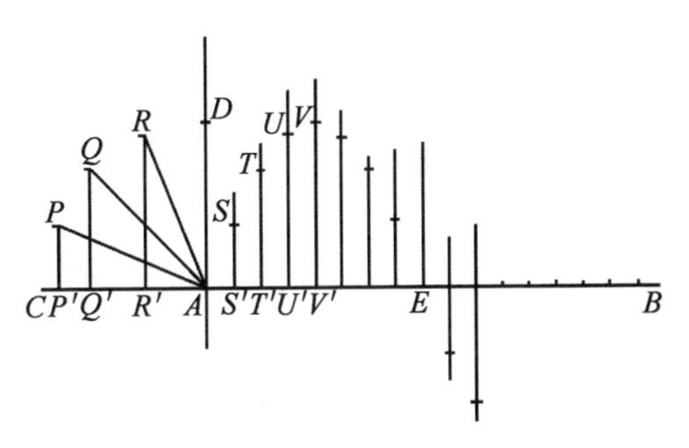

图 81

现在,E 为 AB 的中点,将 AE,EB 均 8 等分(已选定直角等分数量的 2 倍). 分别作 $SS' = PP'$,$TT' = QQ'$,$UU' = RR'$,$VV' = DA$,…. 则点 S,T,U,V 在曲线上,且 V 为曲线的最高点. 沿 VV'对折,可得点 S,T,U,V 在曲线 VE 上的对应点. 对应 EB 的部分曲线与曲线 AVE 相同,但却位于 AB 的另一侧. 从 A 到 E 的长度为 $\frac{1}{2}$波长,从 E 到 B 的长度也为$\frac{1}{2}$波长. E 为曲线上一个拐点,且点 E 处的曲率半径为无穷.

卡西尼卵形线

272. 如图 82 所示,若平面内一个动点到两个定点的距离之积为常数,则该动点的轨迹称为卡西尼卵形线. 两个定点称为焦点. 曲线方程为 $rr' = k^2$,其中 r,r' 为该曲线上任一点到两焦点的距离,k 为一常数.

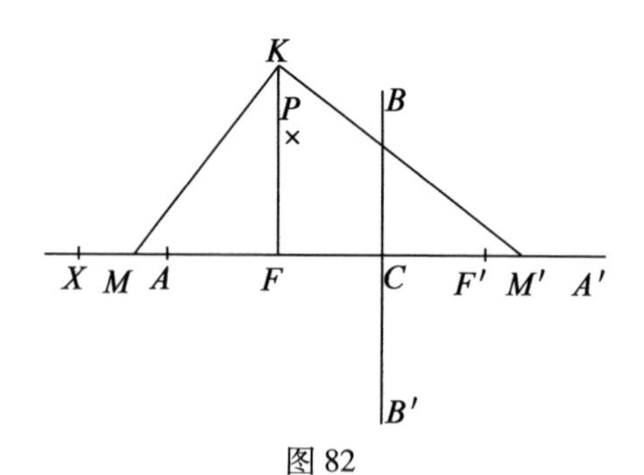

图 82

令 F,F' 为焦点. 通过点 F,F' 折叠,点 C 为 FF' 的中点,折痕 BCB' 垂直于 FF'. 确定点 B,B',使得 $FB=FB'=k$. 显然,点 B,B' 在这条曲线上.

作折痕 $FK\perp FF'$,取 $FK=k$,在折痕 FF' 上取 $CA=CA'=CK$. 则点 A,A' 在这条曲线上.

因为 $$CA^2=CK^2=CF^2+FK^2$$

所以

$$\begin{aligned}CA^2-CF^2&=k^2=(CA+CF)(CA-CF)\\&=F'A\cdot FA\end{aligned}$$

作 FA,取 $AT=FK$. 在 AT 上取一点 M,联结 MK. 作折痕 $KM'\perp MK$,交 FA' 于点 M',则

$$FM\cdot FM'=k^2$$

分别以点 F 为中心,FM 为半径作弧,以点 F' 为中心,FM' 为半径作弧,两弧交于一点 P,则点 P 为曲线上一点.

当 A,B 之间曲线上的一些点被确定时,其他象限内的对应点也可通过折叠来确定.

当 $FF'=\sqrt{2}k$,$rr'=\dfrac{1}{2}k^2$ 时,该曲线即为 §279 中

所述的双纽线.

当 $FF' > \sqrt{2}\,k$ 时，该曲线由两个不同的卵形线构成.

对数曲线

273. 对数曲线的方程为 $y = a^x$.

该曲线在原点处的函数值为 1.

若横坐标以算术的方式增长，则纵坐标以几何的方式增长.

当 x 取整数值时，y 值可通过 § 108 中所述的方法进行讨论.

在平面 xOy 中，该曲线可以无限延伸.

若 $x < 0$，则 $y = \dfrac{1}{a^x}$，且当 x 的数值增加时，$y \to 0$. Ox 轴的负半轴为该曲线的渐近线.

悬　链　线

274. 悬链线是一种曲线，它的形状因与悬在两端的绳子在均匀引力作用下掉下来之形相似而得名.

悬链线的方程为

$$y = \frac{c}{2}\left(e^{\frac{x}{c}} + e^{-\frac{x}{c}}\right)$$

y 轴为通过该曲线最低点的一条垂线,x 轴为一条水平线,在此平面内,最低点与 x 轴的距离为 c,其中 c 为悬链线的参数,e 为自然对数曲线的底.

当 $x=c$ 时,$y=\frac{c}{2}(\mathrm{e}^{1}+\mathrm{e}^{-1})$;

当 $x=2c$ 时,$y=\frac{c}{2}(\mathrm{e}^{2}+\mathrm{e}^{-2})$,等等.

275. 由方程

$$y=\frac{c}{2}(\mathrm{e}^{\frac{1}{2}}+\mathrm{e}^{-\frac{1}{2}})$$

根据方程的图像,可以确定 e.

$$c\mathrm{e}-2y\sqrt{\mathrm{e}}+c=0$$

$$\sqrt{\mathrm{e}}=\frac{1}{c}(y+\sqrt{y^{2}-c^{2}})$$

$$c\sqrt{\mathrm{e}}=y+\sqrt{y^{2}-c^{2}}$$

通过取 $y+c$ 与 $y-c$ 的比例中项,可以得到 $\sqrt{y^{2}-c^{2}}$.

心　脏　线

276. 如图 83 所示,设 O 为半径为 a 的圆上一定点,过点 O 引一束射线,并且在每一条射线上从它和已知圆的交点向两边作长度为 $2a$ 的线段,这些线段末端的轨迹就称为心脏线.

曲线方程为 $r=a(1+\cos\theta)$.

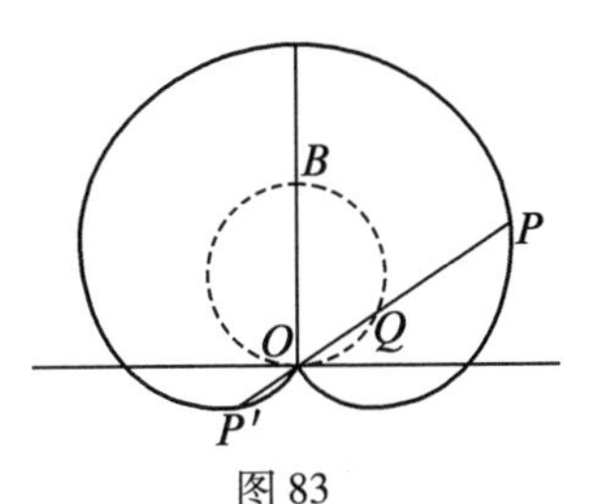

图 83

原点即为曲线的尖端. 在反演变换下,与抛物线对应的曲线是心脏线,其中抛物线的焦点为反演中心.

蚶　　线

277. 从直径为 a 的圆周上取一定点 O,引射线 OS,交圆于点 Q(图 84),从点 Q 的两侧截取长度为 b(b 为任意常数)的线段 QP' 和 QP,当射线 OS 绕 O 旋转时,点 P',P 的轨迹就叫作蚶线.

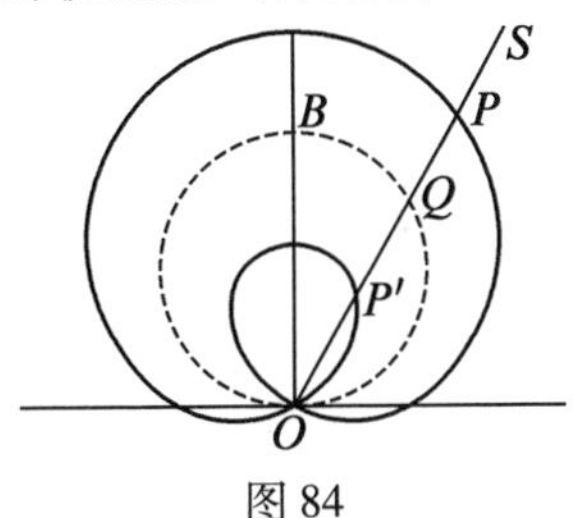

图 84

当 $b=a$ 时,该曲线称为心脏线.

当 $b>a$ 时,曲线完全位于圆的外部.

当 $b<a$ 时,曲线的一部分位于圆的内部,构成一个环路.

当 $b=\frac{1}{2}a$ 时,曲线称为三等分角线,因为借助该曲线可将任一角三等分.

曲线方程为 $r = a\cos\theta + b$.

第一类蚶线为椭圆的反演;第二类蚶线为双曲线的反演,其中焦点为反演中心. 环路是关于另一焦点的分支的反演.

278. 三等分角线有如下应用:

如图 85 所示,已知 $\angle AOB$,取 $OA = OB$,以 O 为圆心,OA 或 OB 为半径作圆,延长 AO 至圆 O 的外部.

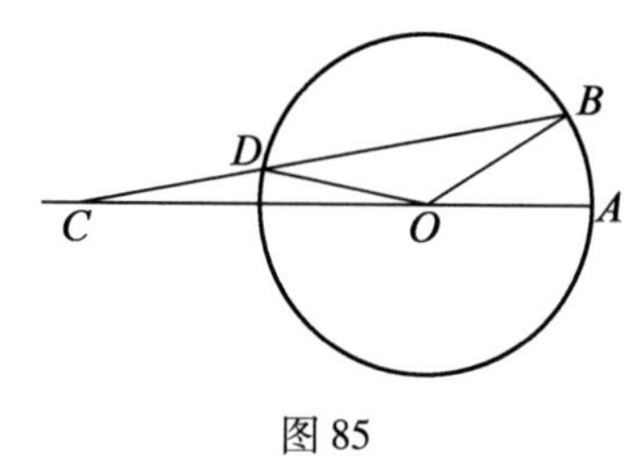

图 85

应用三等分角线,使得 O 对应于圆心,且 OB 为环路的轴. 令直线 AO 与外部曲线交于点 C,联结 BC,交圆 O 于点 D,联结 OD.

则 $\angle ACB = \dfrac{1}{3}\angle AOB$.

因为 $CD = DO = OB$,所以

$$\begin{aligned}\angle AOB &= \angle ACB + \angle CBO = \angle ACB + \angle ODB \\ &= \angle ACB + 2\angle ACB = 3\angle ACB\end{aligned}$$

双　纽　线

279. 双纽线的极坐标方程为

$$r^2 = a^2\cos 2\theta$$

如图 86 所示,令点 O 为原点,且 $OA = a$.

延长 AO,且作 $OD \perp OA$.

取 $\angle AOP = \theta$, $\angle AOB = 2\theta$.

作 $AB \perp OB$.

在直线 OA 上取 $OC = OB$.

在直线 OD 上确定一点 D,使得 $\angle CDA = 90°$.

取 $OP = OD$.

则 P 为曲线上一点.

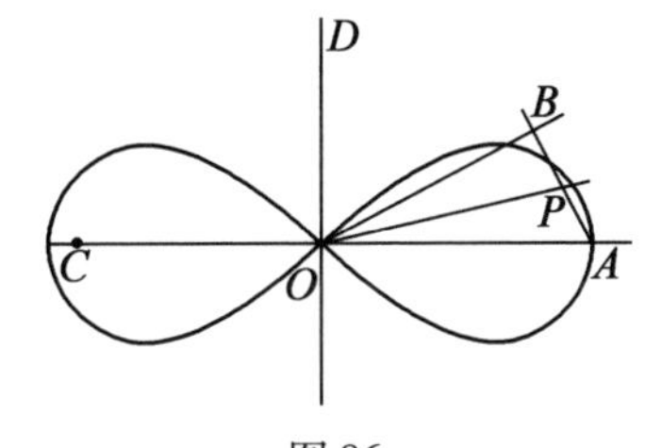

图 86

$$\begin{aligned} r^2 &= OD^2 = OC \cdot OA = OB \cdot OA \\ &= a\cos 2\theta \cdot a = a^2\cos 2\theta \end{aligned}$$

如上所述,双纽线是卡西尼卵形线的特殊情形.

双纽线可通过等轴双曲线经过反演得到,其中等轴双曲线的中心为反演中心(即它是双曲线关于圆心在双曲线中心的圆的反演图形).

双纽线的面积为 a^2.

摆　　线

280. 在平面上,一个动圆沿着一条定直线做无滑动的滚动时,动圆圆周上一定点的运动轨迹叫作摆线.

当圆周上一定点 A 与定直线相切,且圆周滚动一周时,点 A 又落在定直线上,此时点 A 所处的位置记为 A',则 AA'等于动圆的圆周长.

一个圆的圆周长可通过这种方式获得. 取一张纸围在一圆形物体周围,举例来说,Kindergarten Gift No. Ⅱ. 中的圆柱,且标记出两重合点. 展开这张纸,并过这两点进行折叠. 则这两点间的线段长就等于对应直径的圆柱的周长.

由比例关系,可得到对应于任一直径的圆周长,反之亦然.

如图 87,点 D 为 AA'的中点,作 $DB\perp AA'$,且 DB 为动圆的直径.

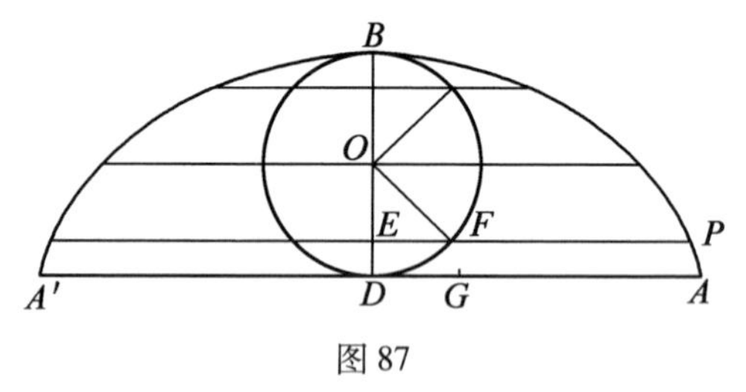

图 87

则点 A,A',B 都在摆线上.

点 O 为 BD 的中点.

过点 O 作动圆的一些半径,这些半径将右半圆周若干等分,比方说 4 等分.

将 AD 分成同样多的份数.

过这些半径的端点作垂直于 BD 的直线.

令 EFP 为上述直线之一,F 为一半径的端点,令 G

为 AD 上的对应点，始于点 D. 取 $FP=GA$ 或 FP 等于 $\overset{\frown}{BF}$ 的长度.

则 P 为曲线上一点.

AD 上的其他对应点也可按上述方法获得.

曲线关于轴 BD 对称，沿 BD 对折，可得另一半曲线上的对应点.

曲线长等于 BD 的4倍，弧线下的面积等于动圆面积的3倍.

次摆线

281. 一动圆沿着一条定直线做无滑动的滚动时，动圆外或动圆内一定点的轨迹称为次摆线.

外摆线

282. 在平面上，一个动圆与一个定圆相外切，当动圆沿着定圆的外侧做无滑动的滚动时，则动圆周上一定点的轨迹称为外摆线.

内摆线

283. 若一个动圆内切于一个定圆并做无滑动的滚

动,则动圆圆周上一个定点的轨迹称为内摆线.

当动圆的半径是定圆半径的因数时,定圆圆周被分成相同比例的拱形弧.

这些截面被分成若干个相等的部分,动圆中心的位置,与定圆截面上每一点对应的生成点的位置可通过将动圆圆周划分为相同数量的相等部分来获得.

割圆曲线

284. 令四边形 $OACB$ 为正方形. 若一个圆的半径 OA 绕点 O 从位置 OA 匀速转到位置 OB,而在相同时间内,垂直于 OB 的直线从位置 OA 匀速平移到位置 BC,则平动直线与转动半径的交点的轨迹就称为割圆曲线.

希皮亚斯(Hippias of Elis,公元前 420 年)为解决三等分角的问题发明了割圆曲线.

若 P, P' 为割圆曲线上的两点,则 $\angle AOP$ 与 $\angle AOP'$彼此之间可作为各自点的纵坐标.

阿基米德螺线

285. 当一动点 P 从点 O 沿动直线 OA 做匀速运动的同时,直线 OA 又以匀角速度绕点 O 旋转,动点 P 所走的轨迹就称为阿基米德螺线.

芳贺第一与第二定理在一般长方形中的拓展探究

附录Ⅰ

一、前言

在折纸数理学中，芳贺第一定理是指将一张正方形纸片的右下顶点 C 翻折至上边 AB 中点 C' 时，底边 CD 的翻折线 $C'D'$ 与 AD 的交点 G 是 AD 的三等分点（图1）；芳贺第二定理是指将一张正方形纸片的右上顶点 B 以右下顶点 C 与上边 AB 中点 E 的连线为折痕翻折至 B' 时，EB' 的延长线与 AD 的交点 H 是 AD 的三等分点（图2）. 陆新生[①]对芳贺第一定理进行了三个方面的一般化，笔者受其启发，对第二个方面的一般化（正方形→长方形）进行更深入地探究，并将探究扩展到芳贺第二定理上，期望得到关于这两种折法的更一般的结论.

---

① 陆新生. 从芳贺第一定理看折纸数理学的教育价值[J]. 上海中学数学，2007(12).

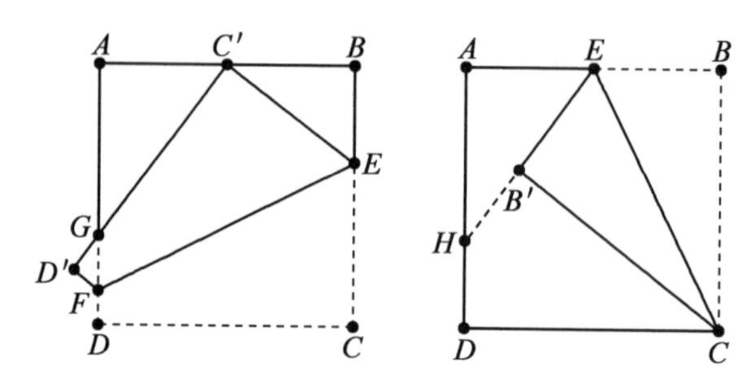

图 1　　　　图 2

二、芳贺第一定理在一般长方形中的拓展探究

如图 3 所示,在长方形 $ABCD$ 中,设边 $AD=BC=a$,$AB=CD=ka$. 将右下顶点 C 翻折至上边 AB 中点 C' 处,此时底边翻折后的线段(或其延长线)交线段 AD(或其延长线)于点 G,折痕为 EF. 把这种折法记为"折法 1",对应芳贺第一定理的折法.

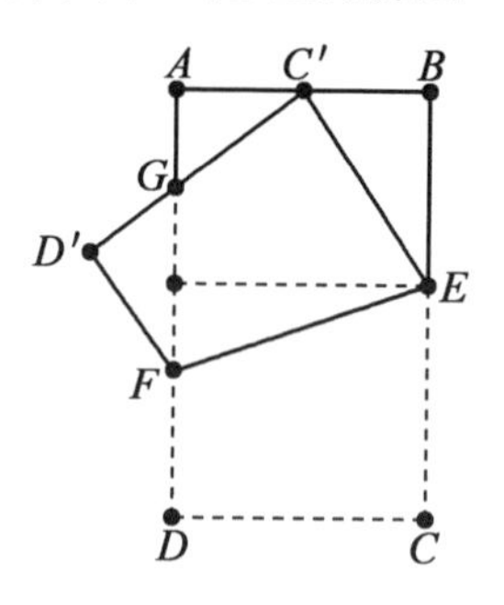

图 3

设 $BE=t$,则 $C'E=CE=a-t$,又由于 $BC'=\frac{1}{2}AB=\frac{ka}{2}$,在 $\mathrm{Rt}\triangle C'BE$ 中运用勾股定理得 $\left(\frac{ka}{2}\right)^2+t^2=(a-t)^2$,解得 $t=\frac{4-k^2}{8}a$. 又易知 $\triangle AC'G\backsim\triangle BEC'$,故

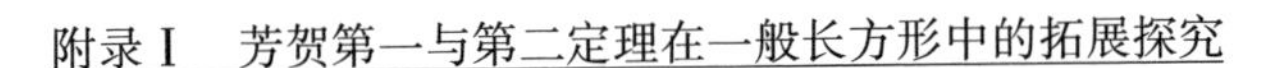

$\frac{AC'}{BE}=\frac{AG}{BC'}$.

由于$BE=t=\frac{4-k^2}{8}a$,$AC'=\frac{1}{2}AB=\frac{ka}{2}$,$BC'=\frac{ka}{2}$,故代入有$AG=\frac{2k^2}{4-k^2}a$.

由于只有当$4-k^2>0$时此式才有意义,故此式适用于$k<2$的情形.

当$k=2$时,如图4所示,此时底边翻折后的线段$C'F$与AD平行,故无交点.

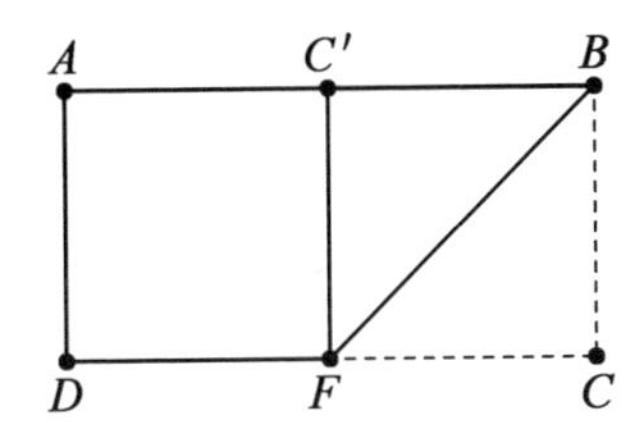

图4

当$k>2$时,如图5所示,此时将点C翻折至AB中点C'时,底边翻折后的线段FC'的延长线交DA的延长线于点G,EF为折痕.

设$BE=B'E=t$,则$C'E=C'B-BE=\frac{ka}{2}-t$,又由于$B'C'=BC=a$,在$\mathrm{Rt}\triangle C'B'E$中运用勾股定理得$t^2+a^2=\left(\frac{ka}{2}-t\right)^2$,解得$t=\frac{k^2-4}{4k}a$.

又易知$\triangle C'B'E\backsim\triangle GAC'$,故$\frac{AG}{B'C'}=\frac{AC'}{B'E}$.

由于$AC'=\frac{ka}{2}$,$B'C'=a$,$B'E=t=\frac{k^2-4}{4k}a$,故代入

有 $AG=\dfrac{2k^2}{k^2-4}a.$

同理,此式只有在 $k>2$ 时才有意义.

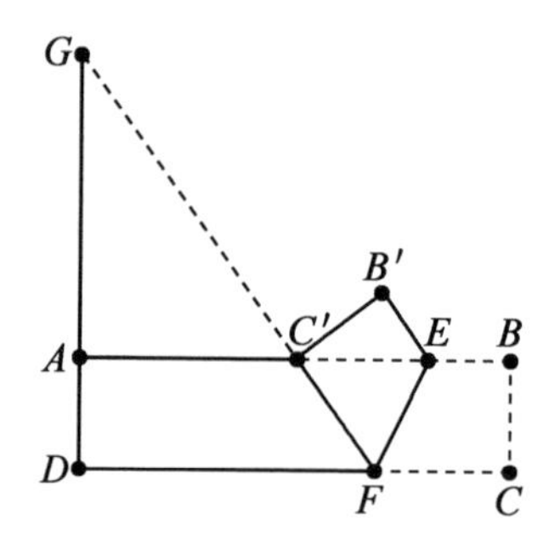

图 5

综上,由折法 1 得到的点 G 满足以下结果

$$AG=\begin{cases}\dfrac{2k^2}{4-k^2}a, k<2(G\text{ 在点 }A\text{ 下方})\\ \text{不存在}, k=2\\ \dfrac{2k^2}{k^2-4}a, k>2(G\text{ 在点 }A\text{ 上方})\end{cases}\tag{1}$$

三、芳贺第二定理在一般长方形中的拓展探究

如图 6 所示,在长方形 $ABCD$ 中,AB 中点为 E. 同样设边 $AD=BC=a$,$AB=CD=ka$.

将右上顶点 B 沿 EC 翻折至 B'处,延长 EB'使其与直线 AD 交于点 H,折痕为 CE. 把这种折法记为"折法 2",对应芳贺第二定理的折法.

过 B'作 MN 垂直 AB 交 AB 于 M,交 DC 于 N.

易知$\triangle EMB'\backsim\triangle B'NC$,故$\dfrac{EM}{B'N}=\dfrac{EB'}{B'C}$.

设 $MB'=t$,则由于 $EB'=EB=\dfrac{ka}{2}$,故在 $\mathrm{Rt}\triangle EMB'$

中运用勾股定理可得 $EM=\sqrt{\frac{k^2}{4}a^2-t^2}$.

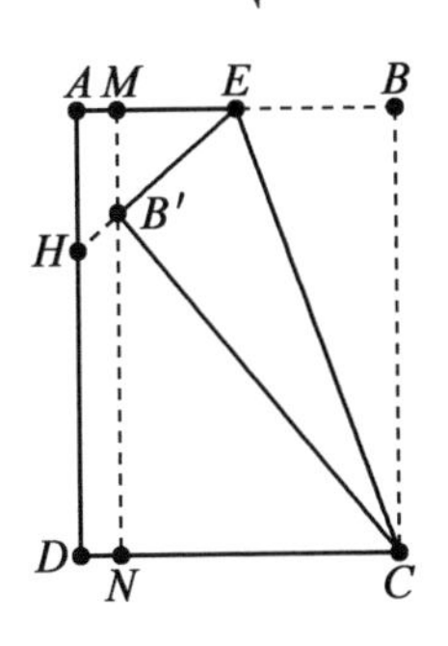

图 6

又由于 $B'C=BC=a$,$B'N=MN-MB'=BC-MB'=a-t$,代入后解得 $t=\frac{2k^2a}{4+k^2}$.

此外,易知 $\triangle EMB'\backsim\triangle EAH$,故 $\frac{EM}{EA}=\frac{MB'}{AH}$. 而又由于 $EM=\sqrt{\frac{k^2}{4}a^2-t^2}=\frac{k(4-k^2)}{2(4+k^2)}a$,$EA=\frac{ka}{2}$,$MB'=t=\frac{2k^2a}{4+k^2}$,代入后有 $AH=\frac{2k^2}{4-k^2}a$. 显然此式只对 $k<2$ 有意义.

当 $k=2$ 时,如图 7 所示,由于 $EB'/\!/AD$,故不存在交点 H.

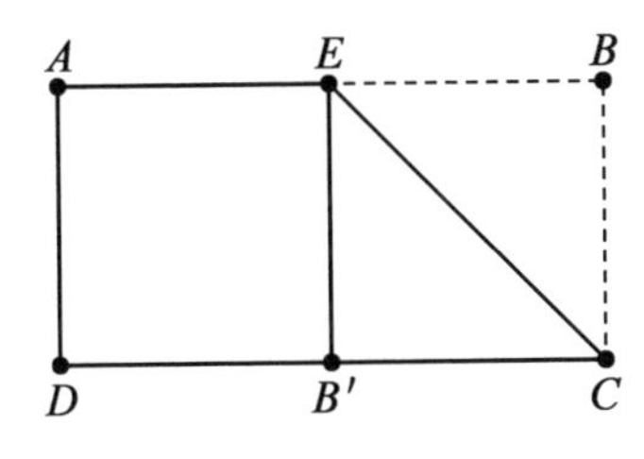

图 7

当 $k>2$ 时，如图8所示，将 B 沿 CE 翻折至 B' 时，此时 B' 在 $ABCD$ 外部，BE 的延长线交 DA 的延长线于点 H.

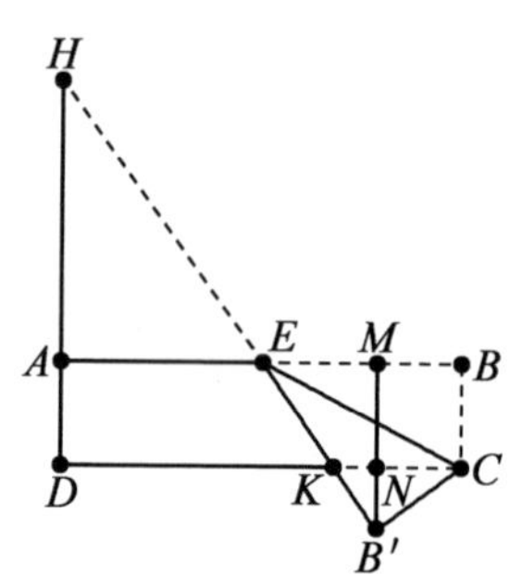

图8

过 B' 作 AB 的垂线交 AB 于 M，交 DC 于 N. 易有 $\triangle B'ME \backsim \triangle CNB'$，故 $\dfrac{EM}{B'N}=\dfrac{EB'}{B'C}$.

设 $MB'=t$，则由于 $EB'=EB=\dfrac{ka}{2}$，故在 $\mathrm{Rt}\triangle EMB'$ 中运用勾股定理可得 $EM=\sqrt{\dfrac{k^2}{4}a^2-t^2}$. 又由于 $B'C=BC=a$，$B'N=MB'-MN=MB'-BC=t-a$，代入后解得 $t=\dfrac{2k^2a}{4+k^2}$.

此外，易知 $\triangle EMB' \backsim \triangle EAH$，故 $\dfrac{EM}{EA}=\dfrac{MB'}{AH}$.

由于 $EM=\sqrt{\dfrac{k^2}{4}a^2-t^2}=\dfrac{k(k^2-4)}{2(k^2+4)}a$，$EA=\dfrac{ka}{2}$，$MB'=t=\dfrac{2k^2a}{4+k^2}$，代入后有 $AH=\dfrac{2k^2}{k^2-4}a$.

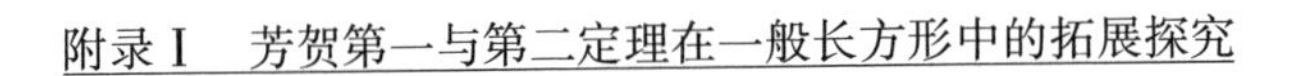

综上,由折法 2 得到的点 H 满足以下结果

$$AH=\begin{cases}\dfrac{2k^2}{4-k^2}a, k<2\\ \text{不存在}, k=2\\ \dfrac{2k^2}{k^2-4}a, k>2\end{cases} \tag{2}$$

四、对探究所得结果的思考

对比方程组(1)和(2),可以得出以下结论:对于任意给定的长方形,由折法 1(芳贺第一定理在正方形中的折法)所得到的底边翻折线(或其延长线)与直线 AD 的交点 G 与由折法 2(芳贺第二定理在正方形中的折法)所得到的上边翻折线(或其延长线)与直线 AD 的交点 H 总是重合.

事实上,芳贺第一定理与芳贺第二定理的发现并非偶然.正方形是特殊的长方形,而这两种折法所得的交点总是重合,故只需要知道其中一个定理即可立即推得另一个定理.

此外,关于方程组(1)可以得到以下结果:(1)当 $k=1$(即正方形)时,有 $AG=\dfrac{2}{3}a$,验证了芳贺第一定理.(2)当 $k=\dfrac{\sqrt{2}}{2}$(即竖着摆放的 A4 纸)时,有 $AG=\dfrac{2}{7}a$,即$\dfrac{AG}{AD}=\dfrac{2}{7}$(以上两种情况 G 均在线段 AD 上).(3)当 $k=\sqrt{2}$(即横着摆放的 A4 纸)时,有 $AG=2a$,即$\dfrac{AG}{AD}=\dfrac{2}{1}$,此时 G 在 AD 的延长线上.(4)当 $k\to\infty$(即长

方形的长无限长)时,有 $AG\to 2a$,即$\frac{AG}{AD}\to\frac{2}{1}$,此时 G 在 DA 的延长线上.

另外,笔者在折法 2 的探究中还发现了其他一些有趣的结论,罗列如下:

(1)对于垂直线段比$\frac{MB'}{B'N}$,有

$$\frac{MB'}{B'N}=\begin{cases}\frac{2k^2}{4-k^2},k<2(B'\text{在 }ABCD\text{ 内部})\\ \text{不存在},k=2\\ \frac{2k^2}{k^2-4},k>2(B'\text{在 }ABCD\text{ 外部})\end{cases}$$

①当 $k=1$(即正方形)时,$\frac{MB'}{B'N}=\frac{2}{3}$.

②当 $k=\frac{\sqrt{2}}{2}$(即竖着摆放的 A4 纸)时,$\frac{MB'}{B'N}=\frac{2}{7}$.

③当 $k=\sqrt{2}$(即横着摆放的 A4 纸)时,$\frac{MB'}{B'N}=\frac{2}{1}$(垂直线上的三等分点)(以上三种情况 B' 均在 $ABCD$ 内部).

④当 $k\to\infty$(即长方形的长无限长)时,$\frac{MB'}{B'N}\to 2$,此时 B' 在 $ABCD$ 外部且 B' 到长方形的底边 DC 的距离为 a.

(2)对于水平线段比$\frac{AM}{MB}$,有$\frac{AM}{MB}=\frac{k^2}{4}$.

①当 $k=1$(即正方形)时,$\frac{AM}{MB}=\frac{1}{4}$.

②当 $k=\frac{\sqrt{2}}{2}$（即竖着摆放的 A4 纸）时，$\frac{AM}{MB}=\frac{1}{8}$.

③当 $k=\sqrt{2}$（即横着摆放的 A4 纸）时，$\frac{AM}{MB}=\frac{1}{2}$（水平线上的三等分点）.

④当 $k\to\infty$（即长方形的长无限长）时，$\frac{AM}{MB}\to\infty$，此时 B,C,B' 几乎处于同一直线上.

(3)对于 EB' 的延长线与底边 CD（或其延长线）的交点 K 的位置，先讨论 $k<2$ 的情形（图 9）.

由 $\triangle HAE\backsim\triangle HDK$，有 $\frac{DK}{AE}=\frac{HD}{AH}$，其中 $AE=\frac{ka}{2}$，$AH=\frac{2k^2}{4-k^2}a$，$HD=AD-AH=\frac{4-3k^2}{4-k^2}a$，代入后有 $DK=\frac{4-3k^2}{4k}a$. 显然此式只有在 $k\leqslant\frac{2\sqrt{3}}{3}$ 时才有意义，而此时 k 在 CD 延长线（或点 D）上；

当 $\frac{2\sqrt{3}}{3}<k<2$ 时，如图 9 所示，由 $\triangle HAE\backsim\triangle HDK$，有 $\frac{DK}{AE}=\frac{HD}{AH}$，其中 $AE=\frac{ka}{2}$，$AH=\frac{2k^2}{4-k^2}a$，$HD=AH-AD=\frac{3k^2-4}{4-k^2}a$，代入后有 $DK=\frac{3k^2-4}{4k}a$. 此时 K 在线段 CD 上.

当 $k=2$ 时，B' 在线段 DC 中点处（如图 7），故 $DK=\frac{ka}{2}=a$（适用于上式 $DK=\frac{3k^2-4}{4k}a$）；

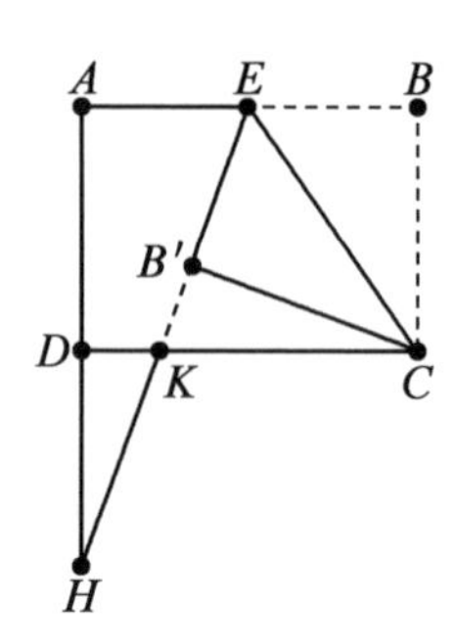

图 9

当 $k>2$ 时，由图 8 有 $\triangle HAE \backsim \triangle HDK$，故 $\frac{DK}{AE}=\frac{HD}{AH}$，其中 $AE=\frac{ka}{2}$，$AH=\frac{2k^2}{k^2-4}a$，$HD=AD+AH=\frac{3k^2-4}{k^2-4}a$，代入后有 $DK=\frac{3k^2-4}{4k}a$.

即综合有

$$\begin{cases}\frac{4-3k^2}{4k}a, k\leqslant\frac{2\sqrt{3}}{3}(K\text{ 在 }CD\text{ 延长线上})\\ \frac{3k^2-4}{4k}a, k>\frac{2\sqrt{3}}{3}(K\text{ 在线段 }CD\text{ 上})\end{cases}$$

代入特定的 k 值得到以下结论：

①当 $k=1$ 时，$DK=\frac{1}{4}a$，此时 K 在 CD 延长线上且 $\frac{DK}{DC}=\frac{1}{4}$.

②当 $k=\frac{\sqrt{2}}{2}$（即竖着摆放的 A4 纸）时，$DK=\frac{5\sqrt{2}}{8}a$，此时 K 在 CD 延长线上且 $\frac{DK}{DC}=\frac{5}{4}$.

③当 $k=\sqrt{2}$（即横着摆放的 A4 纸）时，$DK=\frac{\sqrt{2}}{4}a$，此时 K 在线段 CD 上且$\frac{DK}{DC}=\frac{1}{4}$，即 K 位于线段 CD 的左侧四等分点.

④当 $k\to\infty$（即长方形的长无限长）时，由于$\frac{DK}{DC}=\frac{3k^2-4}{4k^2}$，故$\frac{DK}{DC}\to\frac{3}{4}$，即 K 的极限点在线段 DC 的右侧四等分点.

五、结语

通过对芳贺第一定理与芳贺第二定理在一般长方形中的拓展探究，可以得到许多有趣的结论. 事实上，将这种折纸教学法与几何教学（特别是相似三角形的教学）相结合，可极大地提升学生学习与探究数学的兴趣，培养他们将所学知识运用于实际生活的能力. 笔者只对一般长方形的情形进行了拓展探究，旨在抛砖引玉，读者可对其他情形做进一步探讨.

折纸与数学[①]

附录Ⅱ

基本操作与三等分线段

一、折纸基本操作(1~4)

折纸问题有七种基本操作,其中操作1~6最早由Justin Jacques(贾斯汀·雅克)和藤田文章分别于1989年和1991年提出,最后一条操作由羽鸟公士郎于2001年提出,后经Robert J. Lang(罗伯特·J·郎)证明.这七项垂直已经包括了折纸的全部基本操作.这七项基本操作也看作是折纸的七条"公理",即藤田-羽鸟公理,下面介绍前四种.

1. 如图1所示,已知A,B两点,可以折出一条经过A,B的折痕.此即相当于过A,B作直线.

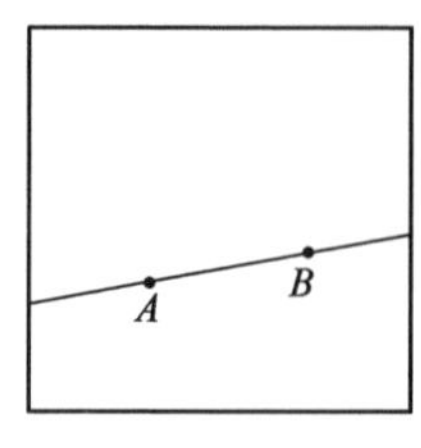

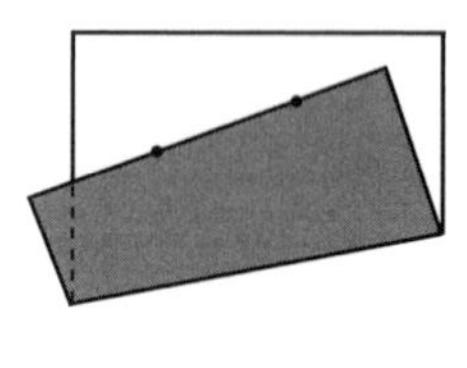

图1

① 摘自公众号"遇见数学",刘瑞祥.

2. 如图 2 所示，已知 A,B 两点，可以折出一条经过 A,B 的折痕. 此即相当于作 A,B 连线的垂直平分线.

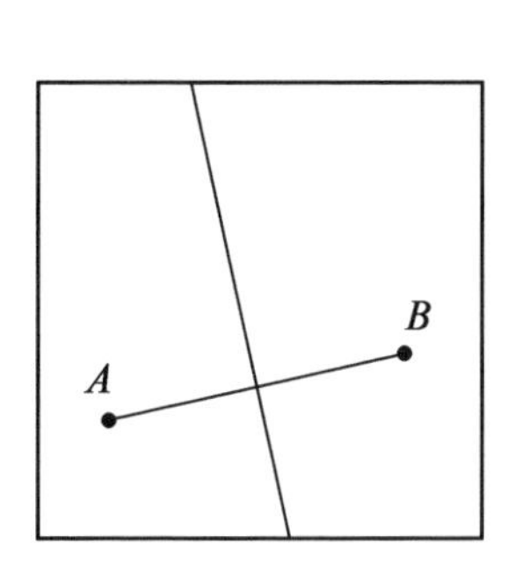

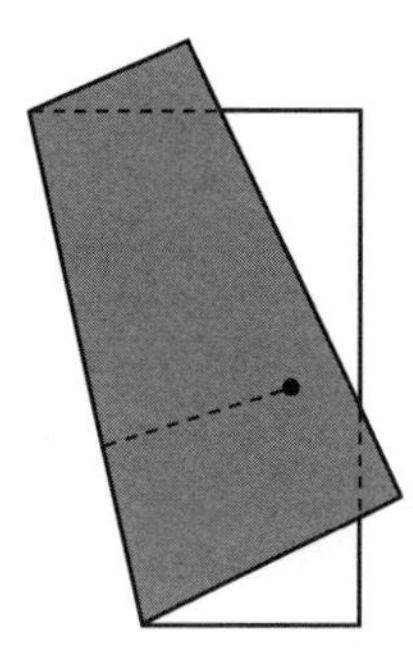

图 2

3. 如图 3 所示，已知 a,b 两条直线，可以把直线 a 折到直线 b 上去. 此即相当于作 a,b 夹角的平分线.

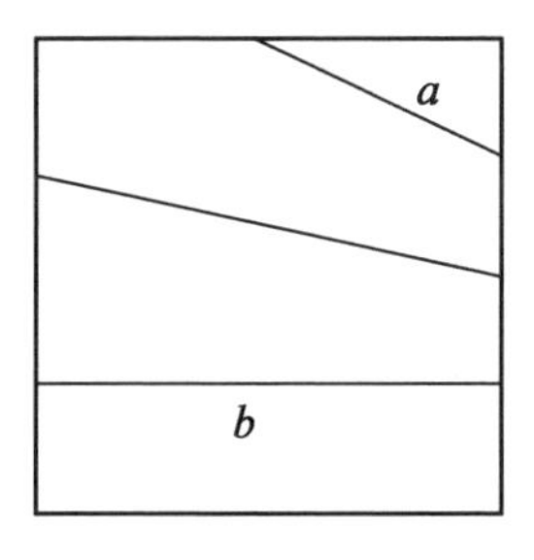

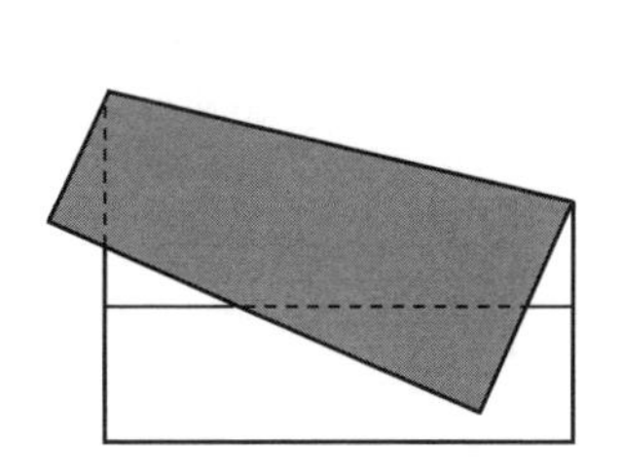

图 3

4. 如图 4 所示，已知点 A 和直线 a，可以沿着一条过点 A 的折痕，把 a 折到自身上，此即相当于过 A 作 a 的垂直线.

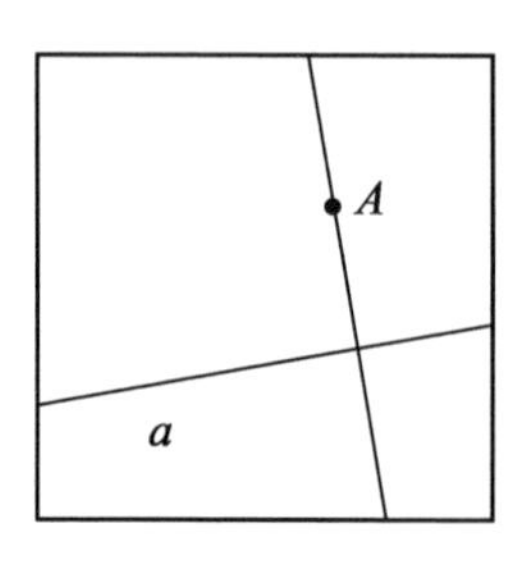

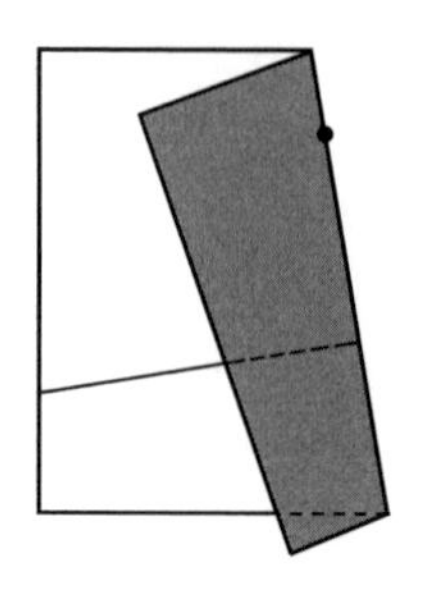

图 4

思考:1. 已知点 A 和不过该点的直线 a,怎样过点 A 作直线 a 的平行线?

2. 已知点 A 和不过该点的直线 a,b,怎样过点 A 作一条直线,使折叠后的直线 b 经过点 A 且与 a 平行?

二、三等分线段方法一(只适用于正方形纸张)

1. 将正方形纸张对折,即将点 A 折到点 B 处,再打开,如图 5(a)所示.

2. 将点 A 折到点 F 处,此时边 AB 与边 BC 交点 H 即为三等分点,如图 5(b)所示.

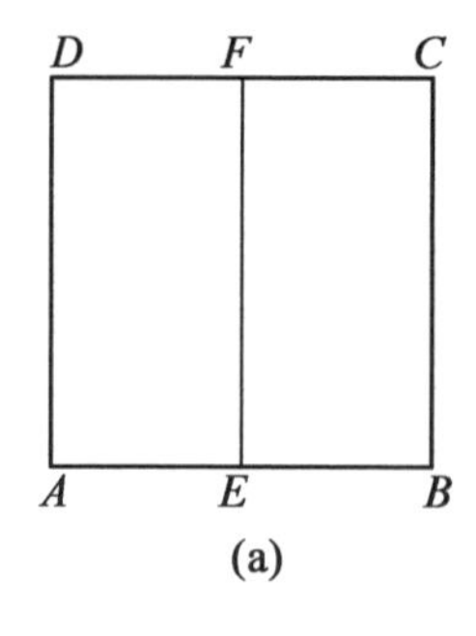

(a)

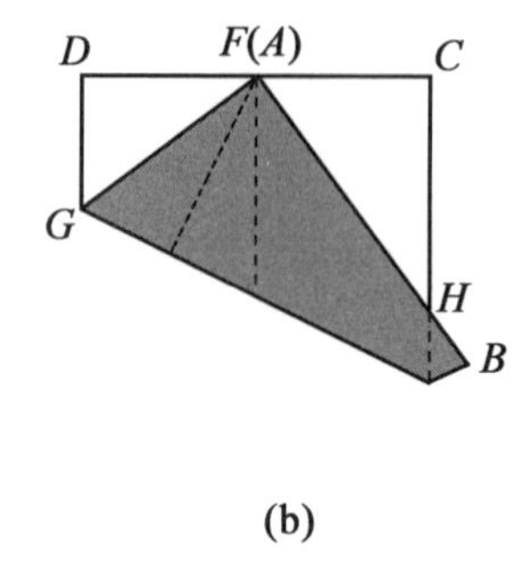

(b)

图 5

证明要点:可设正方形纸张的边长为1,$AF=x$,$DG=y$,则$CF=1-x$,$GF=1-y$,此三者满足勾股定理,可列出x,y的关系式.

又$\triangle DFG\backsim\triangle CHF$,根据$\frac{DF}{DG}=\frac{CH}{CF}$可得$CH$的表达式.

三、三等分线段方法之二(适用于任何比例的矩形纸张)

1. 将AC对折,BD对折,折痕交于点E,如图6(a)所示.

2. 过E将边AB折到自身,折痕与边AB,CD分别交于点F,G,如图6(b)所示.

3. 过C,F两点进行折叠,与BD交于点H,如图6(c)所示.

4. 过H将AB折到自身,折痕与AB折于点I.点I即为所求,如图6(d)所示.

说明:经过CI两点折纸,折痕与BD交于点K,然后过K将AB折到自身上,折痕与AB交于点L,则点L是边AB的四等分点.继续以上过程可得到五等分、六等分……点.

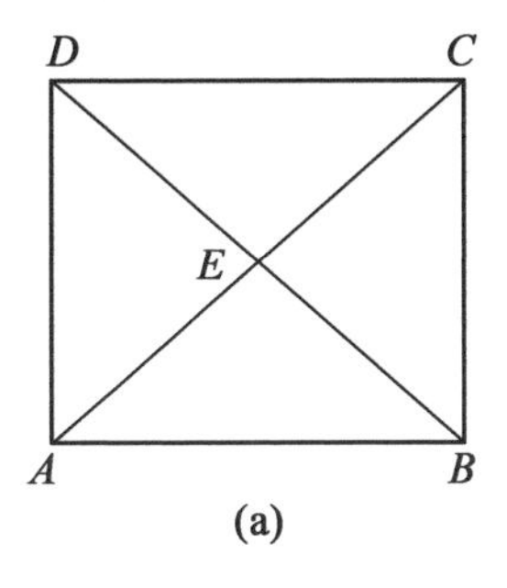

(a)

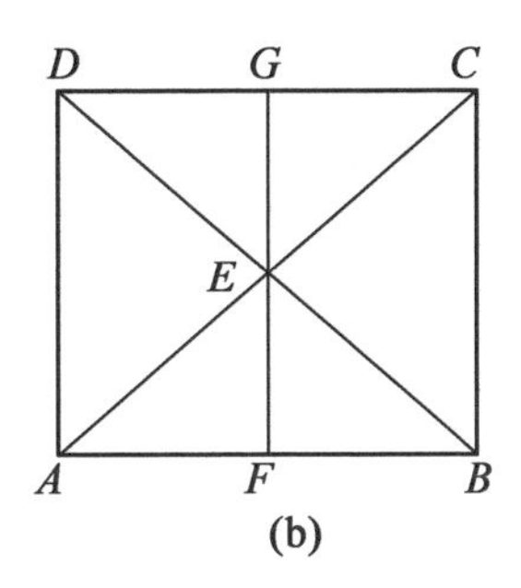

(b)

图6

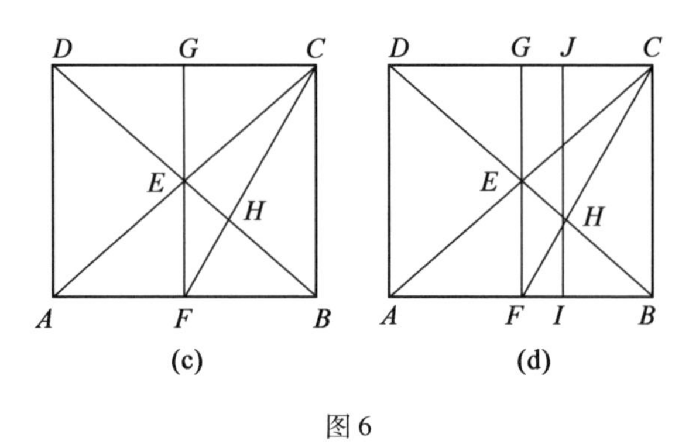

图 6

基本操作与三等分角、倍立方体

一、折纸基本操作(5 ~8)

5. 已知两个点 A,B 和一直线 a,如图 7 所示,可以沿着一条过 A 的折痕,把 B 折到直线 a 上. 即相当于以 A 为圆心,AB 为半径作圆,交圆于点 B',并作弧 BAB'的平分线. 本操作最多有两个解.

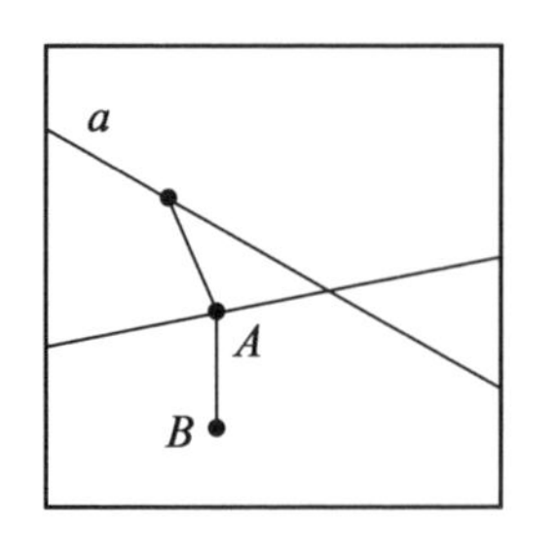

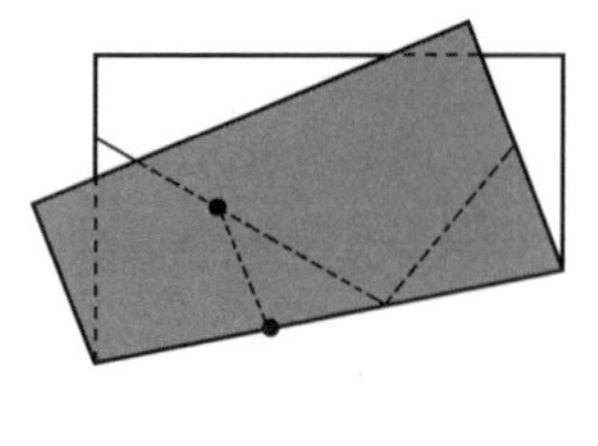

图 7

6. 已知 A,B 两点和 a,b 两直线,如图 8 所示,可以将 A,B 分别折到 a,b 上. 此操作相当于解三次方程,

没有对应的尺规作图方法，最多可以有三个解.（这三个角不包括把点 A 折到 b 且把点 B 折到 a 上）

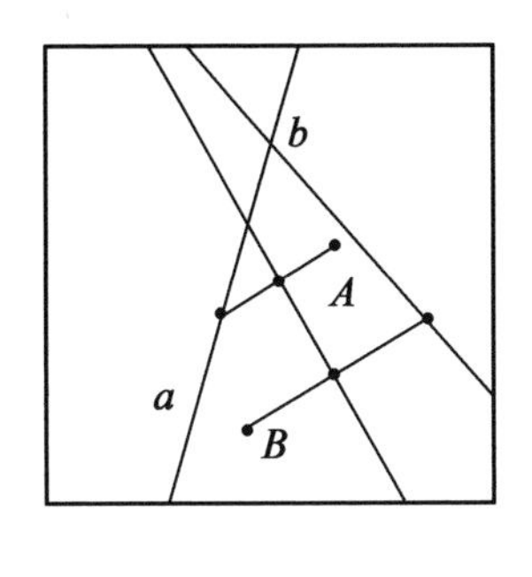

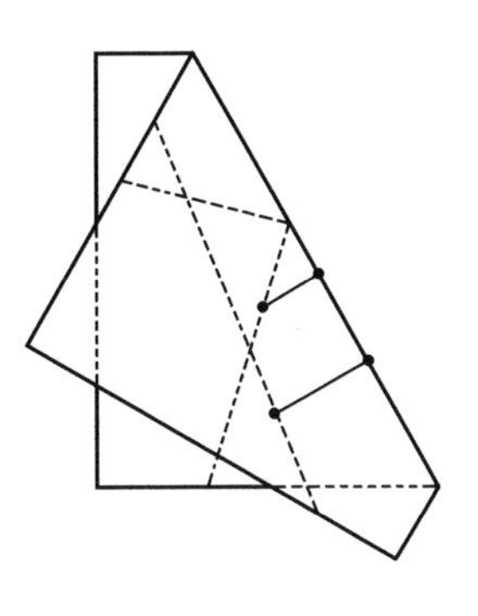

图 8

7. 已知一点 A 和两条直线 a，b，如图 9 所示，可以沿着垂直于 a 的折痕，把点 A 折到直线 b 上. 相当于过 A 作 a 的平行线，交 b 于一点，折痕为该点与 A 连线的垂直平分线.

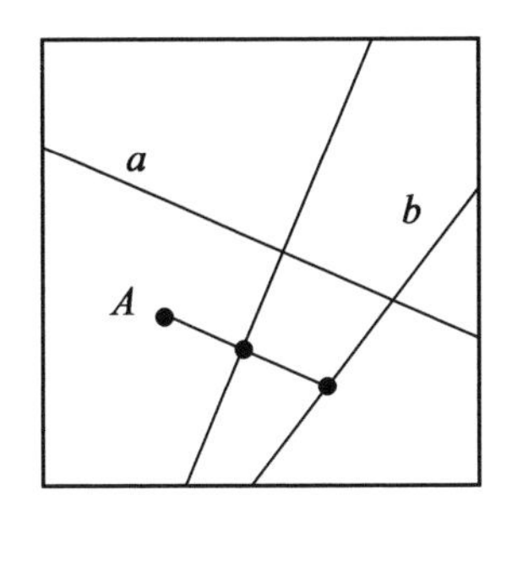

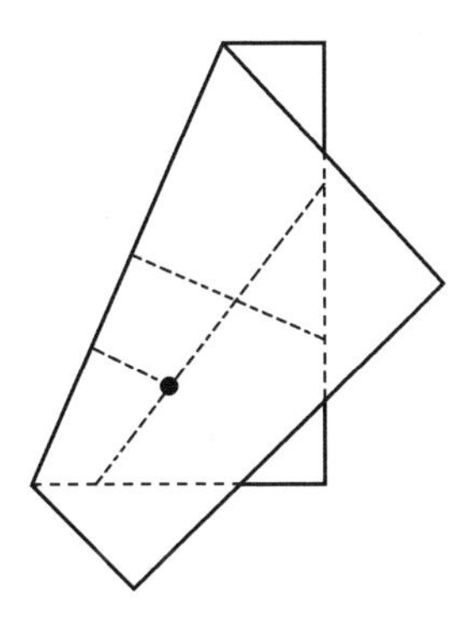

图 9

二、倍立方体(可以用任意比例纸张)

1. 在边 AD 上任取一点 E,过该点将边 AD 折到自身上,折痕为 EF,如图 10(a)所示.

2. 将点 A 折到点 E 上,折痕为 GH,如图 10(b)所示.

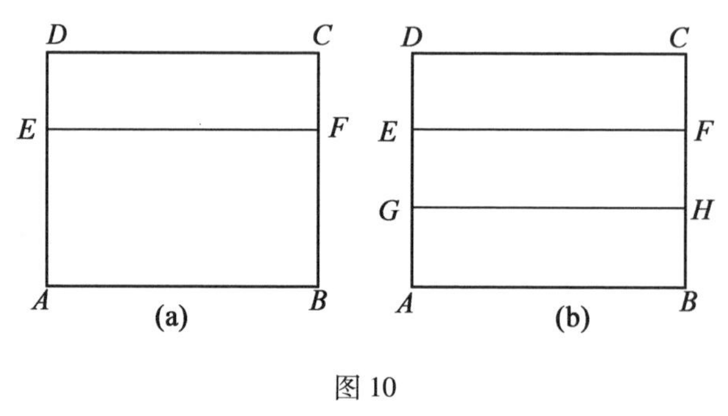

图 10

3. 过点 A 将边 AD 折到边 AB 上,折痕为 AI,点 G 的对应点为 G',如图 11(a)所示.

4. 打开后,过 G'将边 AB 折到自身上,折痕为 $G'J$,如图 11(b)所示.

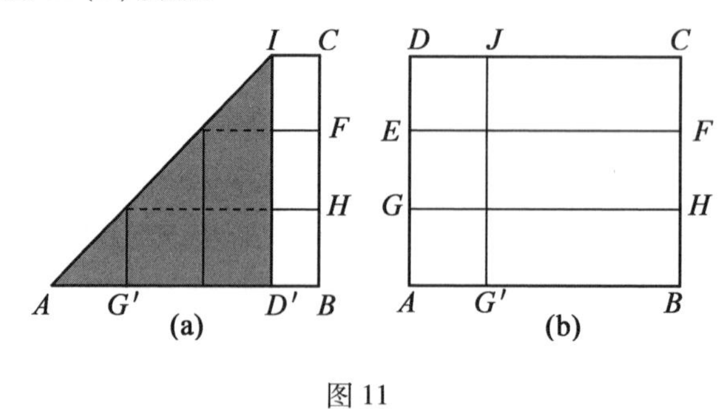

图 11

5. 将边 AD 折到 $G'J$ 上,折痕为 KL,与 GH 交点为

M,如图 12(a)所示.

6. 将 K 折到 EF 上,G 折到 $G'J$ 上(见图中箭头线),折痕与 KL 交于点 N,打开纸张后 MN 与 AK 的比即为$\sqrt[3]{2}$∶1,如图 12(b)所示.

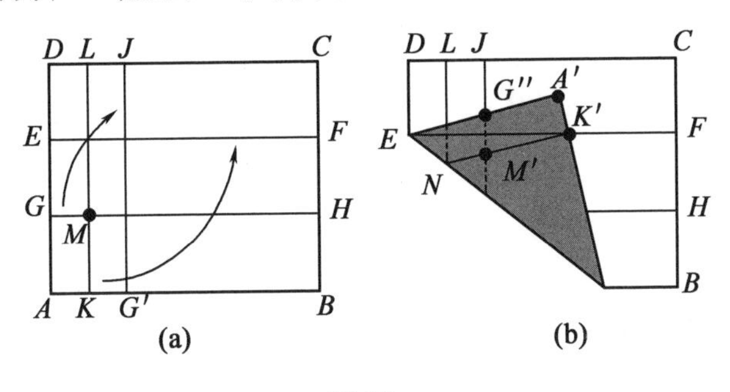

图 12

思考:如果给你一张正方形的纸,边长设为 1,能否在纸张上完整得到长度为$\sqrt[3]{2}$的线段?如果可以,应该如何进行?如果不行请说明理由.

三、三等分任意锐角(可以用任意比例纸张)

1. 在任意长方形纸上折出要等分的$\angle BAE$,如图 13(a)所示.

2. 在边 AD 上任取一点 F,过该点将边 AD 对折,折痕为 FG,如图 13(b)所示.

3. 将点 A 折到点 F 上,折痕为 HI,如图 13(c)所示.

4. 将 A 折到直线 HI 上,同时 F 折到直线 EA 上,此时 H 的对应点为 H'. 打开纸张后联结 AH'即为所求的一条线,如图 13(d)所示.

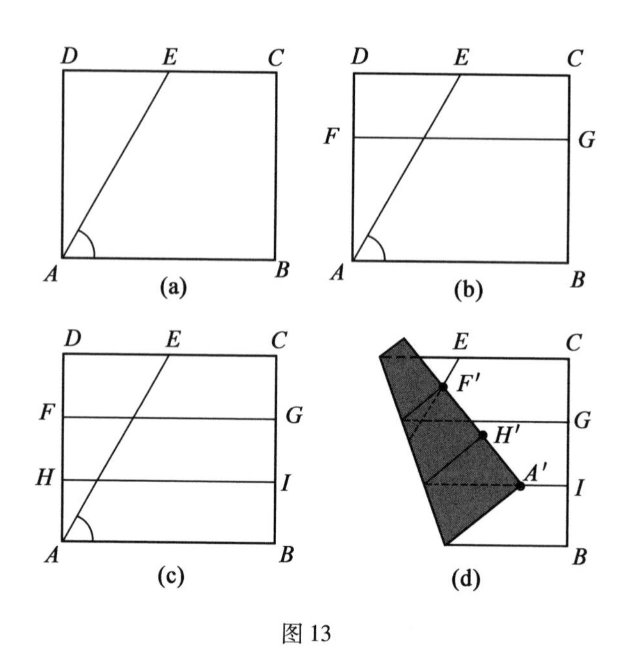

图 13

思考:1. 怎样将一个钝角三等分?

2. 怎样折出一个 40°角?

这对父子解出困扰学界十多年的几何难题,竟是通过折纸[①]

附录Ⅲ

计算机科学家 Erik Demaine 和他的艺术家兼计算机学家父亲 Martin Demaine 多年来一直在挑战折纸的极限. 他们复杂的折纸雕塑被纽约现代艺术博物馆永久收藏. 十年前,PBS 还播出了一部以他们为主角的艺术纪录片.

这对搭档在 Erik 6 岁时开始合作,如今,Erik 已经成为了麻省理工学院的教授. 他说:"我们有一家名为 Erik and Dad Puzzle Company 的公司,这家公司制作并向加拿大的玩具店销售拼图."

Erik 从他父亲那里学到了基础数学和视觉艺术,但 Martin 也从儿子那里学到了高等数学和计算机科学. "现在我们都是艺术家和数学家以及计算机科学家了,"Erik 说:"我们合作了很多项目,尤其是那些跨越很多学科的项目."

① 摘自公众号"科学大院".

他们的最新成果是一项数学证明，去年 10 月份发表在 *Computational Geometry* 杂志上.

在这篇题为《使用可数无限折痕对所有多面体流形进行连续展平》①的论文中，Erik 等人表示，他们证明了，如果扩展标准折叠模型以允许可数无限折痕出现，那么可以将 3D 中的任何有限多面体流形连续展平为 2D，同时保留固有距离并避免交叉.

这一结果回答了 Demaine 父子和 Erik 的博士生导师 Anna Lubiw 2001 年提出的一个问题——他们想知道是否有可能取任何有限多面体（或 flat-sided）形状（比如立方体，而不是球体或无限大的平面），然后用折痕将其折平.

当然，你不能将形状剪开或撕裂. 此外，形状的固有距离还要保持不变，也就是说，"你不能拉伸或收缩这个材料"，Erik 说. 而且他指出，这种类型的折叠还必须避免交叉，这意味着："我们不希望纸张穿过自己"，因为这在现实世界中不会发生. "当所有东西都在 3D 中连续移动时，满足这些限制将非常具有挑战性". 综上所述，这些约束意味着简单地挤压形状是行不通的.

Erik 父子等人的研究表明，你可以完成这种折叠，但前提是命名用无限折叠策略. 不过在此之前，几位

---

① 论文链接：https://www.sciencedirect.com/science/article/abs/pii/S0925772121000298.

作者在2015年发表的一篇论文[①]中也提出了另一项实用技术. 在这篇论文中,他们研究了一类更简单的形状的折叠问题:正交多面体,其面以直角相交,并且垂直于 x,y 和 z 坐标轴中的至少一个. 满足这些条件会强制形状的面为矩形,这使得折叠更简单,就像折叠冰箱盒一样(如图1).

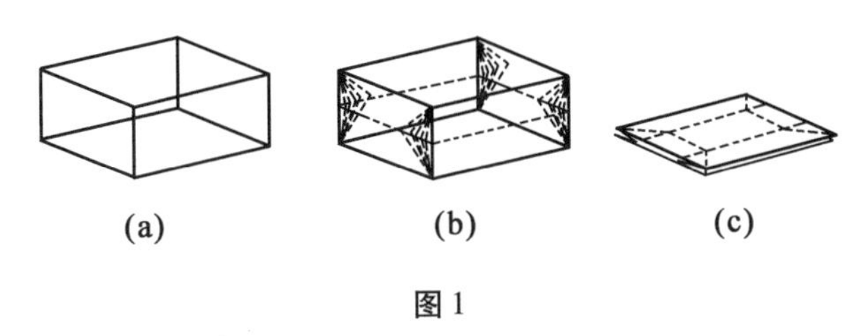

图1

“这种情况比较容易算出,因为每个角看起来都一样. 这只不过是两个面垂直相交而已”,Erik 说到.

2015年取得成功后,研究人员开始使用这种展平技术来处理所有有限多面体. 然而,非正交多面体的面可能是三角形或梯形,适用于冰箱盒子的折痕策略不适用于棱锥体. 并且对于非正交多面体来说,任何有限数量的折痕总是产生一些在同一个顶点相交的折痕.

因此 Erik 等人考虑使用其他方法来规避这个问题. 经过一番探索,他们找到了一种解决非凸面物体展平问题的方法——立方体晶格(cube lattice),它是

① 论文链接:https://erikdemaine. org/papers/FlatteningOrthogonal_JCDCGG2015 full/paper. pdf.

一种三维无限网络.在立方体晶格的每个顶点处,有许多面相交并共享一条边,这使得在任何一个顶点处实现展平都是非常困难的.但研究人员最终还是找到了解决方案.首先,他们找到一个“远离顶点”且可以展平的点,然后再找到另一个可以展平的点,不断重复这个过程,靠近有问题的顶点,并在移动时将更多的位置展平.

这个过程需要一直持续下去,一旦间断,就会有更多问题需要解决.新加坡国立大学的 Jason Ku 表示:“在有问题的顶点附近,利用让切片越来越小的方法将能够展平每个切片.”“在这种情况下,切片并不是实际的切割,而是用于想象将形状分解或更小块并将其展平的概念性切片.然后我们在概念上将这些小切片‘粘合’在一起,以获得原始表面”,Erik Demaine 说道.

研究人员将同样的方法应用于所有非正交多面体.通过从有限的“概念”切片迁移到无限的“概念”切片,他们根据数学上极限的思想创建了一个程序,得到了展开的平面,解决了最初的问题.

美国史密斯学院的计算机科学家和数学家 Joseph O’Rourke 称赞道:“我从来没有想过要用无限的折痕,他们以非常聪明的方式改变了构成解决方案的标准.”Erik Demaine 尝试将这种无限折叠的方法应用于更抽象的形状.O’Rourke 最近建议使用该方法将四维对象扁平化成三维.同时 Erik Demaine 表示他们仍然想探索是否可以用有限的折痕来展平多面体,并乐观

地相信这是可能的.

说 Erik Demiane 是神童一点也不为过. 他 12 岁到加拿大读书,14 岁拿到学士学位提前毕业. 20 岁在 MIT 任教,21 岁就成为教授,23 岁在滑铁卢大学发表博士论文,并获得加拿大“总督金牌”和 NSERC 博士奖学金,同年拿到麦克阿瑟奖. 而 12 岁之前,Erik 是在家里由自己的父亲 Martin Demaine 教授文化知识. 尽管 Martin 只有高中学历,但他却是知名的艺术家和数学家.

Erik 的主要研究方向就是折纸算法和计算理论,现在和他的父亲 Martin 一起在 MIT 任教. 他们在计算机中进行大量的算法模拟,仿真折纸的过程,并基于此设计真实世界中的折纸艺术品. 同时,通过创作折纸艺术品,Erik Demiane 能够反推改进算法,改进的算法又进一步激发折纸艺术创作,从而形成一个现实 - 虚拟,算法 - 艺术的循环.

编辑手记

本书是以笔者的一本藏书翻译而成的，原书成书于 1893 年. 藏书家一般以文学工作者居多，笔者曾读到过一篇文章写道：

> 世上号为藏书家者不可胜数，但境界格局差之霄壤. 不少藏书者不过是拜物教徒，他们占有欲极强，“知本”垄断，将珍善本视作另一种可生利的金银，藏之高阁，秘不示人. 不知这类藏书者是否读过《聊斋志异 · 书痴》篇尾的“异史氏曰”：“天下之物，积则招妒，好则生魔……”
>
> 真正的藏书家大都有如下特点：
>
> 一、藏而不秘. 他们嗜书成癖，但有深情，有真气，既认为“学术为天下公器”，故绝不会“书与 × × 概不外借”；他们藏书不为私有，而是为了保存资料以

免其明珠暗投. 比如厦门大学教授谢泳,购书不计成本,且不只为自己的研究;他每遇珍稀资料,虽不属自己的研究领域,但只要知道是某友研究所需,就会果断买下寄赠友人;据说仅此一项,谢泳就所费不赀.

二、读而"书话". 真正的藏书家得到好书,虽不会搞出沐浴焚香之类极强的仪式感,但一定如对高古之人或如老友促膝,然后将心得体会形诸文字,公之报端或结为文集,以供同好者知有所本,进而能"接着说". 周作人、郑振铎、孙犁、唐弢、黄裳、姜德明、陈子善等藏书大家的"书话",钩沉古今,知人论世,让人领悟读书为风雅乐事.

三、捐而献之. 真正的藏书家不会将藏书当作私产,最后往往会给它们找一个好的归宿,或捐学校或赠图书馆,以贻后学. 据我所知,文学研究会成员瞿世瑛先生晚年想为藏书找个好去处,遂与当时主持山东师范学院校务的老友田仲济联系,将全部藏书捐出——山东师范大学图书馆"特藏书库"的中国现代文学资料颇为丰富,即奠基于此.

据中国香港藏书家许定铭先生"书话"中的典故可知:香港有一批中国现代文学方面的藏书大家. 首屈一指的是香港中文大学卢玮銮(小思)教授,她是"最早有目的地搜寻香港新文学史料的创垦者",退休前将搜集所得尽捐香港中文大学,成立了"香港文学特藏资料库";她还与郑树森、黄继持等人合编了《香港新文学年表》《香港文化众声道》等著作,为香港文学史打造出了雏形. 第二位是香港大学孔安道图书馆的杨国雄先生,他专注于收集整理香港晚清至民国时期的文化报刊，所集者“都是编写香港新文学生的重要资料”.

笔者的藏书多且杂，但大多与数学相关，也有意将来捐献给某个机构，不知那时是否还会有人对这些偏且专的书感兴趣，但在这之前笔者还是应该将其中对现今数学教学与研究有价值的书翻译过来.

本书所涉及的内容在现在的中学甚至小学数学教学中又重有流行之势，笔者最近还读到了一段教师的教案设计：

> 问题情境：取一张长方形 16K 白纸并在距底边一定距离处取一点 F，现将白纸进行折叠并使每次折叠时的底边都能经过点 F，折叠 20 至 30 次后形成一系列折痕，如图 1 所示，观察折痕所围轮廓，用光滑的曲线将其连起并使其与折痕均相切，形成的曲线是怎样的呢？

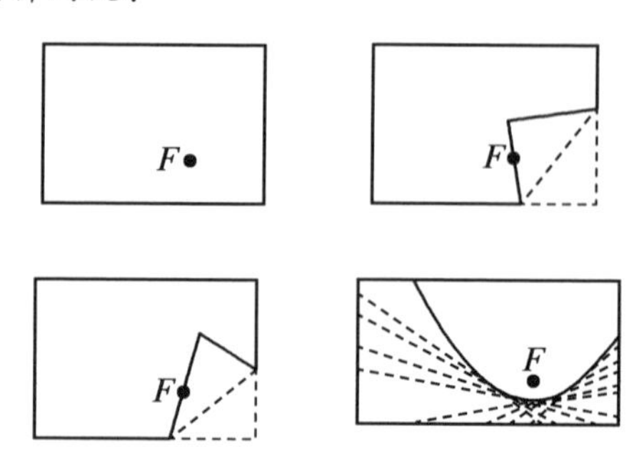

图 1

追问：对折痕所围轮廓为抛物线，可以如何进行说明？

学生1：底边与点 F 能确定一条抛物线这是比较清晰的，因此可将其设为 C，如图2在直线底边上作点 F 关于折痕的对称点 M，并过点 M 作 MP 与底边垂直，与折痕相交于点 P，可知 $PF=PM$，即点 P 到定底边的距离等于点 P 到定点 F 的距离，因此，点 P 在抛物线 C 上. 另外，取折痕上异于 P 的一点 P'，过 P' 作 NP' 与底边垂直，可知 $FP'\neq P'N$，因此点 P' 不在抛物线 C 上，这就意味着折痕跟抛物线之间只存在一个交点，由此可知折痕为抛物线的一条切线. 也就是说，折纸后所得的若干条切线将该抛物线包围了起来.

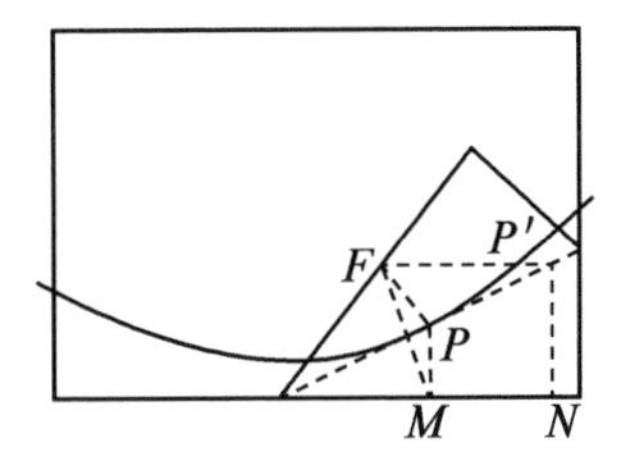

图2

本书虽成书距今已有百余年，但其中讨论的问题到今天仍使人感兴趣并津津乐道. 比如本书中第4章五边形，其中论及的当然都是正五边形. 在2022年11

月下半月的《中学生数学》上也有一篇关于正五边形的文章. 首都师范附属中学的李霞、李洋两位老师的文章题为《正五边形折法中的数学原理》. 在文章中，他们指出：

> 学了轴对称之后，同学们可以利用轴对称相关的数学知识解决一些折纸问题. 例如，用正方形纸片折等边三角形、正五边形、正六边形等，这些都利用了轴对称的性质. 我们从其中较难的正五边形入手，从近似折法和精确折法两个角度厘清折纸背后隐藏的数学原理.
>
> 1. 正五边形的性质
>
> 如图 1，正五边形有以下性质：
>
> 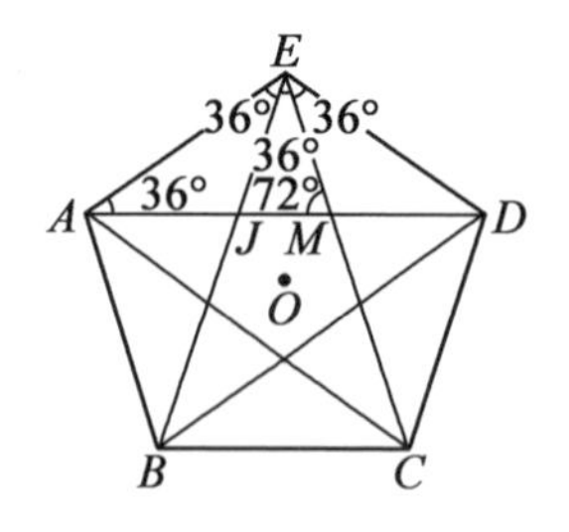
>
>
> 图 1
>
> ①五边相等.
>
> ②每个内角为 108°，顶点与中心相连，将五角星分成 5 个全等的等腰三角形.

③所有的对角线形成一个五角星；在五角星中有一些36°，72°的特殊角，接下来，需要研究这些特殊角度的三角函数值，从而启发折叠的思路.

这些当然都可以用平面几何和三角函数法证得.

2. 近似折法

(1) 正方形折正五边形

若将圆周角5等分，每个角为72°，将圆周角10等分，每个角为36°，如图2，通过折叠能得到正五边形.

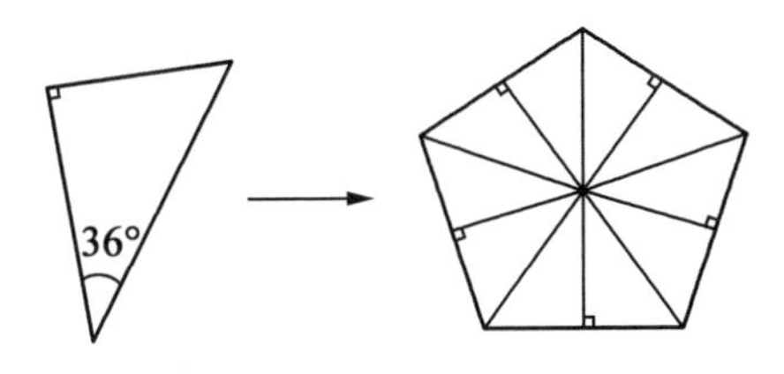

图2

因为 $\cos 72° = \frac{\sqrt{5}-1}{4} \approx 0.3$，$\frac{1}{\sqrt{10}} \approx 0.3$，所以通过以下方式（图3）也能近似地折出36°：即先沿 FH 对折正方形 $ABCD$；再对折分别使 E，F 重合. A，G 重合得到折痕交点 O；对折使 H，O 重合得折痕 GU_1.

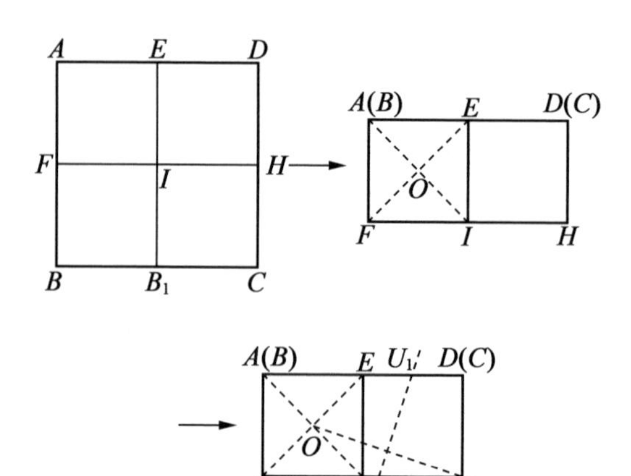

图 3

证明方式如下(图 4):

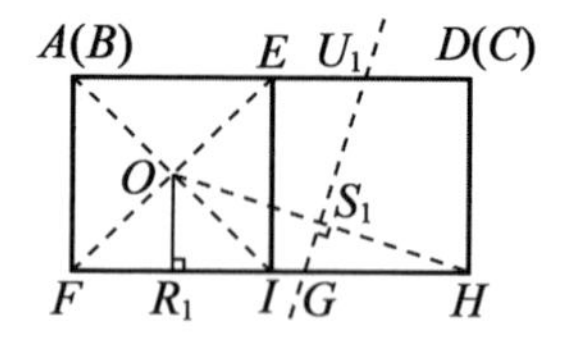

图 4

过 O 作 $OR_1\perp FG$ 于 R_1,因为 $GS_1\perp OH$ 且平分 OH,所以 $\angle S_1GH=\angle R_1OH$,所以 $\cos\angle S_1GH=\cos\angle R_1OH=\frac{OR_1}{OH}=\frac{1}{\sqrt{10}}\approx 0.3$,所以 $\angle S_1GH\approx 72°$.

如图 5,通过翻折点 H 与点 O 重合,

$\angle OGU_1 \approx 72°$，继续以 OG 为对称轴翻折 FG，再翻折 GU_1 与 GO 重合，就能得到 10 个重合的 36°角，接下来只需沿角的任意一条边折出边的垂线，展开后就能得到近似的正五边形.

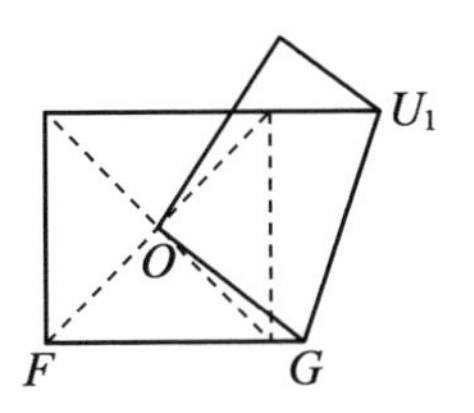

图 5

(2) A4 纸折正五边形

A4 纸的宽与长之比为 $1:\sqrt{2} \approx 0.7$，因为 $\cot 54° \approx 0.7$，所以也能采取如图 6 的方法：(a) 折叠使 B，D 重合，折痕为 EF. (b) 折叠使 E，F 重合，折痕为 DH. (c) 折叠使 AE，$C'F$ 落到 DH 上，折痕分别为 IG，NM. 五边形 $DIGMN$ 为近似正五边形.[①]

---

① 余永安. 折纸中的数学开放题[J]. 数学通讯，2004，9:18－19.

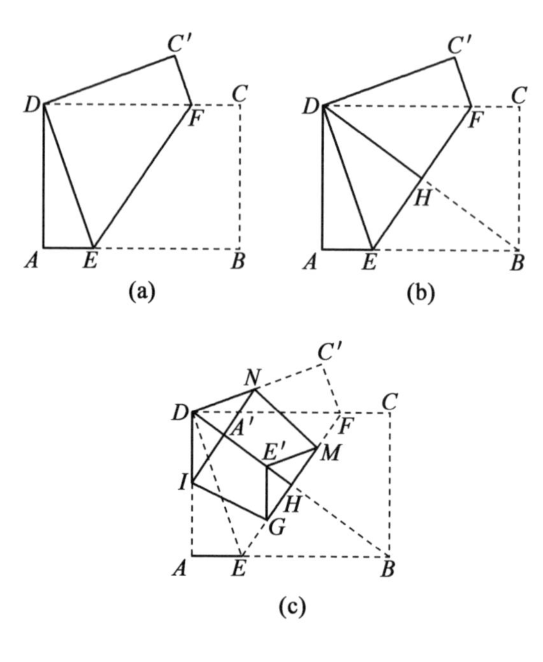

图 6

证明方法如下：

在 Rt$\triangle DAB$ 中，因为 $\cot\angle ADB=\dfrac{AD}{AB}\approx 0.7$，所以$\angle ADB\approx 54°$.

由对称性可得$\angle IDN=2\angle ADB\approx 108°$，$\triangle DIN$ 为等腰三角形，$DI=DN$，所以$\angle DIN\approx 36°$.

又因为 A 与 A' 关于 IG 对称，所以$\angle NIG=\angle GIA\approx 72°$，所以$\angle DIG=\angle DIN+\angle NIG\approx 108°$，同理$\angle DNM\approx 108°$，由对称性及五边形的内角和可得

$$\angle IGM = \angle GMN \approx \frac{1}{2}(3\times 180^\circ - 3\times 108^\circ) = 108^\circ$$

所以五边形 $DIGMN$ 为近似正五边形.

3. 精确折法

如图7,在一张边长为2的正方形纸片中折出正五边形,设 $AB = BC = x$,则 $BB_1 = \frac{2-x}{2}$,因为 $\cos 72^\circ = \frac{5-1}{4}$,所以 $\frac{BB_1}{AB} = \frac{2-x}{2x} = \frac{\sqrt{5}-1}{4}$,所以 $x = \sqrt{5}-1$.

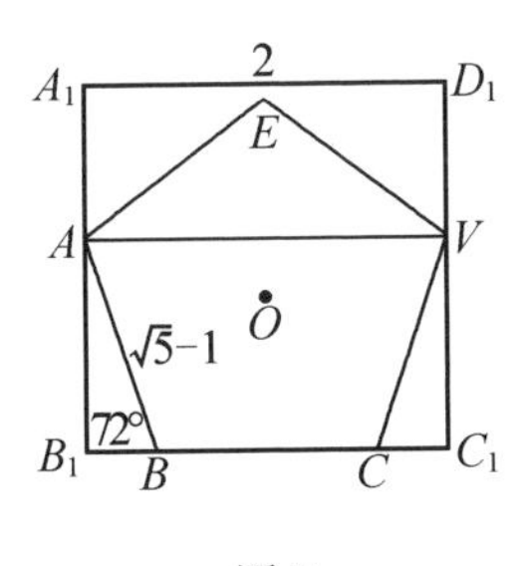

图7

接下来,需要思考如何折出 $\sqrt{5}-1$. 在解决这个问题之前,需要先折出 $\sqrt{5}$,如图8,首先将正方形对折,可得 $AC = 1$,在 Rt$\triangle ABC$ 中,由勾股定理,$BC = \sqrt{AC^2 + AB^2} = \sqrt{5}$,然后通过折叠使 CA 落在 CB 上,点 A 与点 A' 重合,此时有 $CA = CA' = 1$,$A'B = CB - CA' = \sqrt{5}-1$. 再折叠 BA' 使得点 A' 落到线段 DC 上

（重合的点为 A''），则有 $BA''=BA'=\sqrt{5}-1$，折出 BA''的中点 G，翻折 BA''至线段 CC'同时使点 G 与点 A 重合（点 A''，B 的对应点分别为为点 E，F），则有 $EF=\sqrt{5}-1$.

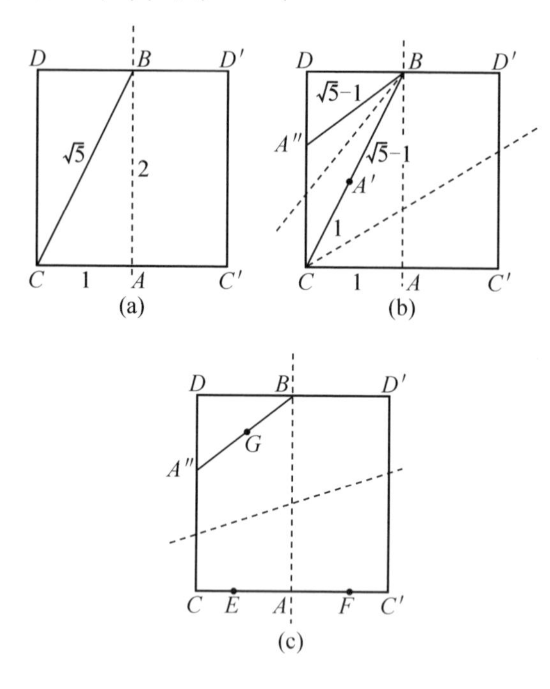

图 8

有了$\sqrt{5}-1$，我们可以通过折叠将它不断“复制”，如图 9，翻折 EF 使 F 落到 CD 上（EF 与 EI 对应），同理得到 FG，以 EI 的垂直平分线为对称轴翻折 $E-F-G$ 得到 $I-H-G$，由对称性得到正五边形 $IEFGH$.

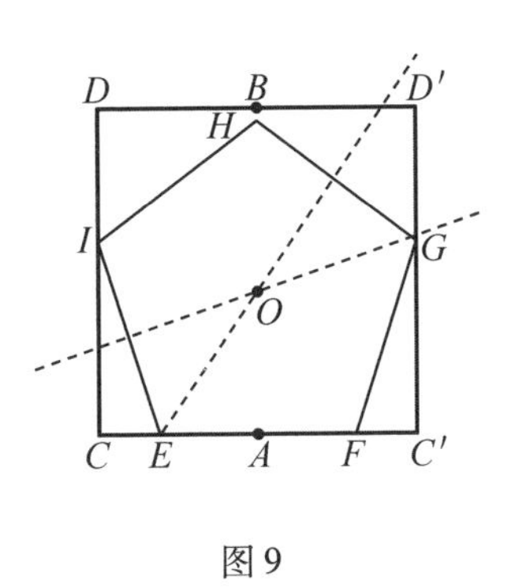

图 9

本书对中学数学教学也有帮助,因为近年有关折纸型的数学问题逐渐在中学盛行,举个例子:

问题 A 如图 1,将边长为 4 的正方形 $ABCD$ 折叠,使得点 A 落在 CD 的中点 E 处,折痕为 FG,点 F 在 AD 边上,求折痕 FG 的长度.

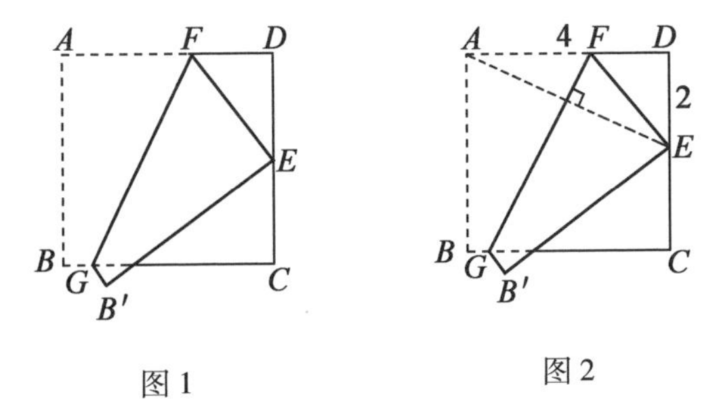

图 1　　图 2

解析:根据图形折叠(轴对称图形)的性质——对称轴垂直两对称点的连线段,联结对称点 A,E(如图 2 所示),将问题化归到正方形中“十字架”模型,易得结论 $FG=$

$AE = 2\sqrt{5}$.

问题 B　已知:如图3,在四边形$ABCD$中,$\angle ABC = 90°$,$AB = AD = 10$,$BC = CD = 5$,$AM \perp DN$,点M,N分别在BC,AB边上,求$\frac{DN}{AM}$的值.

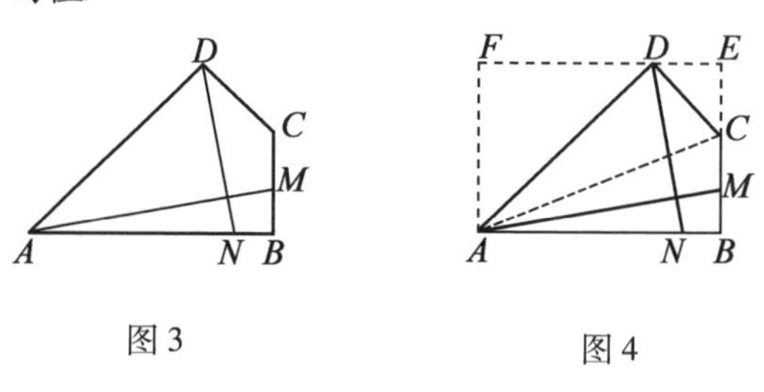

图3　　　　图4

解析:根据$\angle ABC = 90°$,添加辅助线构造矩形$ABEF$,将问题转化为矩形内的"十字架"模型(如图4所示).因为$AB = AD$,$BC = CD$,联结AC,可得$\triangle ABC \cong \triangle ADC$,$\angle ADC = 90°$,所以$\triangle CDE \backsim \triangle DAF$,得$\frac{CE}{DF} = \frac{CD}{AD} = \frac{1}{2}$.设$CD = x$,则$DF = 2x$,$DE = 10 - 2x$,$AF = 20 - 4x$,$BE = 5 + x$.得到$20 - 4x = 5 + x$,解得$x = 3$,$BE = 8$,由矩形内的"十字架"模型,易得$\frac{DN}{AM} = \frac{4}{5}$.

评注:对于问题A,直接求出折痕FG的长度比较烦琐,通过观察可以发现,线段GF的两个端点在正方形的一组对边BC,AD上,如果另外有一条线段的两个端点在另一组

对边上,且与 GF 垂直,就可以利用“十字架”模型解决问题,这就为解题提供了联想的方向. 依据图形折叠性质,联结对称点 A,E,隐藏的“十字架”模型即浮出水面(如图 2 所示),问题迎刃而解. 问题 B 虽然具有完整的“十字架”($AM \perp DN$)模型,但垂线段 AM,DN 的端点并不满足在矩形的两组对边上,观察图形特点,借助在矩形的两组对边上,观察图形特点,借助 $\angle ABC = 90°$,通过添加辅助线构造出矩形背景(如图 4 所示),此时,顿有一种豁然开朗的感觉.

随着中国经济的强大,搞艺术的人越来越多,殊不知折纸与艺术也有很大关系,世界顶级折纸艺术家之一、曾供职于 NASA 的美国物理学家 Robert Lang 曾利用他强大的专业知识,创造了名为 Tree Maker 和 Reference Finder 的折纸软件,Tree Maker 可以进行折痕的线条输入和计算验证. Reference Finder 则可以帮助设计者正确找出纸张内部的折叠关键点位置.

麻省理工学院史上“最年轻的天才教授”Erik Demaine 和他的艺术家父亲 Martin Demaine,也是折纸界“大神”一般的存在. Erik 凭着自己在计算折纸领域的开创性工作,获得了麦克阿瑟奖学金,并在麻省理工学院学了几何折叠算法公开课. 这对父子坚信,折纸是把造型先变成数学,再把数学变成艺术的过程.

从理论上讲,折纸艺术家可以折叠出任何他们想要的作品,因为每一次折叠都是可以被计算的.这的确让现代折纸艺术家非常幸福.

“科学的加入使得折纸有了无限的可能性,让这项艺术有了更强的生命力.不仅如此,折纸中的科学问题也在现实生活中具有非常广泛的应用价值,比如航空航天、医学、生物学、建筑学和工业设计等领域,只是它们更不为人所知.

日本工程师 Koryo Miura 曾发明过一种叫作 Miura-ori 的折纸结构,它可用于航天飞船上的折叠式太阳能电池板.而这项技术后来甚至还延伸到了柔性锂离子电池设计中,使它具备良好的拉伸、扭曲、弯折性能.

美国劳伦斯·利弗摩尔国家实验室要将一个橄榄球球场大的望远镜镜片送上太空,唯一的办法就是依靠折叠.最终,科学家借助折纸艺术家的帮助,才将镜片完美地压缩.

而与人们日常生活息息相关的是,汽车的安全气囊完全依靠科学折叠.安全气囊必须满足两个条件,一是体积小,二是不能有结构性错误.很多设计师遇到了把大薄片塞进小空间的难题,他们通过各种程序研究如何把安全气囊折叠得更加平整的方法,最后是从艺术家折叠昆虫的折痕图中得到了启发.

折纸在建筑当中也应用广泛,因为它有一些特有的优势.比如,折纸结构不需要支撑但又很稳定,内部空间非常大;折叠结构会让进入建筑的人感受到强烈的空间感和光线感,提高人们的舒适度.

另一个值得一提的案例,是由牛津大学科学家发

明的心脏手术支架. 它在到达目的地时会打开被堵塞的动脉血管,但在过程中,又需要很小的体积才能通过血管. 这个支架就借助了折纸技术来缩小,也被称为"水弹模型".

Robert Lang 因此坦言,"折纸术有一天可能会救人一命,即使这个结论听上去很奇怪".

清华大学美术学院开设的"折纸工程学应用"系列讲座的刘通教授指出:"当我们在不同的生活、生产、科研场景中,越来越追求小型化、简洁化的设计,折叠的确是一种非常重要的科学思维."刘通认为,其实在自然界中本来就存在着丰富多彩的折叠现象,昆虫翅膀的折叠、植物叶片的折叠等. 无论是从自然界还是通过折纸艺术领域的观察和研究,都可以帮助人们培养和学习折叠思维.

中国的现代数学始于对西方数学的全面学习与引进,这是社会现代化的必由之路,许多前辈为此殚精竭虑,仅以数学名词的引进为例,从 1925 年到 1932 年,《科学》月刊在第 10 ~ 16 卷每期陆续刊登各类纯数学名词,每一个名词后列英文名、法文名、德文名、日文名、定名和备考等六项,经过几年仔细审定,到 1938 年,出版了我国最早的《算学名词汇编》,收集名词约7 400条,含英法德日中五种文字,曹惠群为该书撰序,序中曰:"本编既脱稿;以胡君明复姜君立夫对于算学名词夙著精勤,惜胡君早故,未获观成,颇愿得姜君一言以为序. 顾姜君谦逊固辞,殊感失望,……曾言劳而无所获,在研习科学者不以为病;苟有所获,而于国计民生,得有裨补于万一,则用力虽多,亦至足以引以自慰,夫以姜君等之劳,得有此成积,庶稍堪自慰乎? 质之姜君以为如何? 是为序."

本书得之偶然,七年前赴上海参加数字出版会,会场设在中国电信学院,该院地处上海城乡结合部,有旧物回收的生意存在,得益于笔者多年练就的独特"嗅觉",终于在一堆杂物中发现了此书,虽然外表已污损破败不堪,但笔者还是发现了它独特的价值,许多东西都是如此,烂污中蕴藏着美好,正如加拿大籍印度裔作家罗因顿·米斯特里的小说《微妙的平衡》中,无力改变自身命运的皮草匠阿姆说:"如果时间是一卷布,我真的想把里面烂了的部分都裁掉.把那些可怕的夜晚剪去,将美好的部分缝在一起,让时间变得可以承受.然后我会将它当作大衣穿在身上,永远幸福地生活下去."

本书的译者也是本书的编辑,被同事誉为学霸型编辑,硕士期间专攻李代数,具有一定的学术研究能力,假以时日一定会成为一名学者型编辑,这也是我们数学工作室面向未来,在人才储备,梯队建设战略布局中的一个亮点,未来的竞争一定是人才的竞争,这已是所有人的共识,如果你有学识,有才华,有情怀,有梦想,欢迎加盟!

刘培杰

2022.5.1

于哈工大

刘培杰数学工作室
已出版(即将出版)图书目录——初等数学

书　名	出版时间	定　价	编号
新编中学数学解题方法全书(高中版)上卷(第2版)	2018-08	58.00	951
新编中学数学解题方法全书(高中版)中卷(第2版)	2018-08	68.00	952
新编中学数学解题方法全书(高中版)下卷(一)(第2版)	2018-08	58.00	953
新编中学数学解题方法全书(高中版)下卷(二)(第2版)	2018-08	58.00	954
新编中学数学解题方法全书(高中版)下卷(三)(第2版)	2018-08	68.00	955
新编中学数学解题方法全书(初中版)上卷	2008-01	28.00	29
新编中学数学解题方法全书(初中版)中卷	2010-07	38.00	75
新编中学数学解题方法全书(高考复习卷)	2010-01	48.00	67
新编中学数学解题方法全书(高考真题卷)	2010-01	38.00	62
新编中学数学解题方法全书(高考精华卷)	2011-03	68.00	118
新编平面解析几何解题方法全书(专题讲座卷)	2010-01	18.00	61
新编中学数学解题方法全书(自主招生卷)	2013-08	88.00	261
数学奥林匹克与数学文化(第一辑)	2006-05	48.00	4
数学奥林匹克与数学文化(第二辑)(竞赛卷)	2008-01	48.00	19
数学奥林匹克与数学文化(第二辑)(文化卷)	2008-07	58.00	36′
数学奥林匹克与数学文化(第三辑)(竞赛卷)	2010-01	48.00	59
数学奥林匹克与数学文化(第四辑)(竞赛卷)	2011-08	58.00	87
数学奥林匹克与数学文化(第五辑)	2015-06	98.00	370
世界著名平面几何经典著作钩沉——几何作图专题卷(共3卷)	2022-01	198.00	1460
世界著名平面几何经典著作钩沉(民国平面几何老课本)	2011-03	38.00	113
世界著名平面几何经典著作钩沉(建国初期平面三角老课本)	2015-08	38.00	507
世界著名解析几何经典著作钩沉——平面解析几何卷	2014-01	38.00	264
世界著名数论经典著作钩沉(算术卷)	2012-01	28.00	125
世界著名数学经典著作钩沉——立体几何卷	2011-02	28.00	88
世界著名三角学经典著作钩沉(平面三角卷Ⅰ)	2010-06	28.00	69
世界著名三角学经典著作钩沉(平面三角卷Ⅱ)	2011-01	38.00	78
世界著名初等数论经典著作钩沉(理论和实用算术卷)	2011-07	38.00	126
世界著名几何经典著作钩沉(解析几何卷)	2022-10	68.00	1564
发展你的空间想象力(第3版)	2021-01	98.00	1464
空间想象力进阶	2019-05	68.00	1062
走向国际数学奥林匹克的平面几何试题诠释.第1卷	2019-07	88.00	1043
走向国际数学奥林匹克的平面几何试题诠释.第2卷	2019-09	78.00	1044
走向国际数学奥林匹克的平面几何试题诠释.第3卷	2019-03	78.00	1045
走向国际数学奥林匹克的平面几何试题诠释.第4卷	2019-09	98.00	1046
平面几何证明方法全书	2007-08	35.00	1
平面几何证明方法全书习题解答(第2版)	2006-12	18.00	10
平面几何天天练上卷·基础篇(直线型)	2013-01	58.00	208
平面几何天天练中卷·基础篇(涉及圆)	2013-01	28.00	234
平面几何天天练下卷·提高篇	2013-01	58.00	237
平面几何专题研究	2013-07	98.00	258
平面几何解题之道.第1卷	2022-05	38.00	1494
几何学习题集	2020-10	48.00	1217
通过解题学习代数几何	2021-04	88.00	1301
圆锥曲线的奥秘	2022-06	88.00	1541

刘培杰数学工作室

已出版(即将出版)图书目录——初等数学

书　　名	出版时间	定　价	编号
最新世界各国数学奥林匹克中的平面几何试题	2007-09	38.00	14
数学竞赛平面几何典型题及新颖解	2010-07	48.00	74
初等数学复习及研究(平面几何)	2008-09	68.00	38
初等数学复习及研究(立体几何)	2010-06	38.00	71
初等数学复习及研究(平面几何)习题解答	2009-01	58.00	42
几何学教程(平面几何卷)	2011-03	68.00	90
几何学教程(立体几何卷)	2011-07	68.00	130
几何变换与几何证题	2010-06	88.00	70
计算方法与几何证题	2011-06	28.00	129
立体几何技巧与方法(第2版)	2022-10	168.00	1572
几何瑰宝——平面几何500名题暨1500条定理(上、下)	2021-07	168.00	1358
三角形的解法与应用	2012-07	18.00	183
近代的三角形几何学	2012-07	48.00	184
一般折线几何学	2015-08	48.00	503
三角形的五心	2009-06	28.00	51
三角形的六心及其应用	2015-10	68.00	542
三角形趣谈	2012-08	28.00	212
解三角形	2014-01	28.00	265
探秘三角形:一次数学旅行	2021-10	68.00	1387
三角学专门教程	2014-09	28.00	387
图天下几何新题试卷.初中(第2版)	2017-11	58.00	855
圆锥曲线习题集(上册)	2013-06	68.00	255
圆锥曲线习题集(中册)	2015-01	78.00	434
圆锥曲线习题集(下册·第1卷)	2016-10	78.00	683
圆锥曲线习题集(下册·第2卷)	2018-01	98.00	853
圆锥曲线习题集(下册·第3卷)	2019-10	128.00	1113
圆锥曲线的思想方法	2021-08	48.00	1379
圆锥曲线的八个主要问题	2021-10	48.00	1415
论九点圆	2015-05	88.00	645
近代欧氏几何学	2012-03	48.00	162
罗巴切夫斯基几何学及几何基础概要	2012-07	28.00	188
罗巴切夫斯基几何学初步	2015-06	28.00	474
用三角、解析几何、复数、向量计算解数学竞赛几何题	2015-03	48.00	455
用解析法研究圆锥曲线的几何理论	2022-05	48.00	1495
美国中学几何教程	2015-04	88.00	458
三线坐标与三角形特征点	2015-04	98.00	460
坐标几何学基础.第1卷,笛卡儿坐标	2021-08	48.00	1398
坐标几何学基础.第2卷,三线坐标	2021-09	28.00	1399
平面解析几何方法与研究(第1卷)	2015-05	18.00	471
平面解析几何方法与研究(第2卷)	2015-06	18.00	472
平面解析几何方法与研究(第3卷)	2015-07	18.00	473
解析几何研究	2015-01	38.00	425
解析几何学教程.上	2016-01	38.00	574
解析几何学教程.下	2016-01	38.00	575
几何学基础	2016-01	58.00	581
初等几何研究	2015-02	58.00	444
十九和二十世纪欧氏几何学中的片段	2017-01	58.00	696
平面几何中考.高考.奥数一本通	2017-07	28.00	820
几何学简史	2017-08	28.00	833
四面体	2018-01	48.00	880
平面几何证明方法思路	2018-12	68.00	913
折纸中的几何练习	2022-09	48.00	1559
中学新几何学(英文)	2022-10	98.00	1562

刘培杰数学工作室
已出版(即将出版)图书目录——初等数学

书名	出版时间	定价	编号
平面几何图形特性新析.上篇	2019-01	68.00	911
平面几何图形特性新析.下篇	2018-06	88.00	912
平面几何范例多解探究.上篇	2018-04	48.00	910
平面几何范例多解探究.下篇	2018-12	68.00	914
从分析解题过程学解题:竞赛中的几何问题研究	2018-07	68.00	946
从分析解题过程学解题:竞赛中的向量几何与不等式研究(全2册)	2019-06	138.00	1090
从分析解题过程学解题:竞赛中的不等式问题	2021-01	48.00	1249
二维、三维欧氏几何的对偶原理	2018-12	38.00	990
星形大观及闭折线论	2019-03	68.00	1020
立体几何的问题和方法	2019-11	58.00	1127
三角代换论	2021-05	58.00	1313
俄罗斯平面几何问题集	2009-08	88.00	55
俄罗斯立体几何问题集	2014-03	58.00	283
俄罗斯几何大师——沙雷金论数学及其他	2014-01	48.00	271
来自俄罗斯的5000道几何习题及解答	2011-03	58.00	89
俄罗斯初等数学问题集	2012-05	38.00	177
俄罗斯函数问题集	2011-03	38.00	103
俄罗斯组合分析问题集	2011-01	48.00	79
俄罗斯初等数学万题选——三角卷	2012-11	38.00	222
俄罗斯初等数学万题选——代数卷	2013-08	68.00	225
俄罗斯初等数学万题选——几何卷	2014-01	68.00	226
俄罗斯《量子》杂志数学征解问题100题选	2018-08	48.00	969
俄罗斯《量子》杂志数学征解问题又100题选	2018-08	48.00	970
俄罗斯《量子》杂志数学征解问题	2020-05	48.00	1138
463个俄罗斯几何老问题	2012-01	28.00	152
《量子》数学短文精粹	2018-09	38.00	972
用三角、解析几何等计算解来自俄罗斯的几何题	2019-11	88.00	1119
基谢廖夫平面几何	2022-01	48.00	1461
基谢廖夫立体几何	2023-04	48.00	1599
数学:代数、数学分析和几何(10-11年级)	2021-01	48.00	1250
立体几何.10—11年级	2022-01	58.00	1472
直观几何学:5—6年级	2022-04	58.00	1508
平面几何:9—11年级	2022-10	48.00	1571
谈谈素数	2011-03	18.00	91
平方和	2011-03	18.00	92
整数论	2011-05	38.00	120
从整数谈起	2015-10	28.00	538
数与多项式	2016-01	38.00	558
谈谈不定方程	2011-05	28.00	119
质数漫谈	2022-07	68.00	1529
解析不等式新论	2009-06	68.00	48
建立不等式的方法	2011-03	98.00	104
数学奥林匹克不等式研究(第2版)	2020-07	68.00	1181
不等式研究(第二辑)	2012-02	68.00	153
不等式的秘密(第一卷)(第2版)	2014-02	38.00	286
不等式的秘密(第二卷)	2014-01	38.00	268
初等不等式的证明方法	2010-06	38.00	123
初等不等式的证明方法(第二版)	2014-11	38.00	407
不等式·理论·方法(基础卷)	2015-07	38.00	496
不等式·理论·方法(经典不等式卷)	2015-07	38.00	497
不等式·理论·方法(特殊类型不等式卷)	2015-07	48.00	498
不等式探究	2016-03	38.00	582
不等式探秘	2017-01	88.00	689
四面体不等式	2017-01	68.00	715
数学奥林匹克中常见重要不等式	2017-09	38.00	845

刘培杰数学工作室

已出版(即将出版)图书目录——初等数学

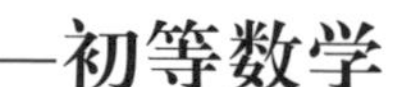

书　　名	出版时间	定　价	编号
三正弦不等式	2018-09	98.00	974
函数方程与不等式:解法与稳定性结果	2019-04	68.00	1058
数学不等式.第1卷,对称多项式不等式	2022-05	78.00	1455
数学不等式.第2卷,对称有理不等式与对称无理不等式	2022-05	88.00	1456
数学不等式.第3卷,循环不等式与非循环不等式	2022-05	88.00	1457
数学不等式.第4卷,Jensen不等式的扩展与加细	2022-05	88.00	1458
数学不等式.第5卷,创建不等式与解不等式的其他方法	2022-05	88.00	1459
同余理论	2012-05	38.00	163
$[x]$与$\{x\}$	2015-04	48.00	476
极值与最值.上卷	2015-06	28.00	486
极值与最值.中卷	2015-06	38.00	487
极值与最值.下卷	2015-06	28.00	488
整数的性质	2012-11	38.00	192
完全平方数及其应用	2015-08	78.00	506
多项式理论	2015-10	88.00	541
奇数、偶数、奇偶分析法	2018-01	98.00	876
不定方程及其应用.上	2018-12	58.00	992
不定方程及其应用.中	2019-01	78.00	993
不定方程及其应用.下	2019-02	98.00	994
Nesbitt不等式加强式的研究	2022-06	128.00	1527
最值定理与分析不等式	2023-02	78.00	1567
一类积分不等式	2023-02	88.00	1579

书　　名	出版时间	定　价	编号
历届美国中学生数学竞赛试题及解答(第一卷)1950-1954	2014-07	18.00	277
历届美国中学生数学竞赛试题及解答(第二卷)1955-1959	2014-04	18.00	278
历届美国中学生数学竞赛试题及解答(第三卷)1960-1964	2014-06	18.00	279
历届美国中学生数学竞赛试题及解答(第四卷)1965-1969	2014-04	28.00	280
历届美国中学生数学竞赛试题及解答(第五卷)1970-1972	2014-06	18.00	281
历届美国中学生数学竞赛试题及解答(第六卷)1973-1980	2017-07	18.00	768
历届美国中学生数学竞赛试题及解答(第七卷)1981-1986	2015-01	18.00	424
历届美国中学生数学竞赛试题及解答(第八卷)1987-1990	2017-05	18.00	769

书　　名	出版时间	定　价	编号
历届中国数学奥林匹克试题集(第3版)	2021-10	58.00	1440
历届加拿大数学奥林匹克试题集	2012-08	38.00	215
历届美国数学奥林匹克试题集:1972~2019	2020-04	88.00	1135
历届波兰数学竞赛试题集.第1卷,1949~1963	2015-03	18.00	453
历届波兰数学竞赛试题集.第2卷,1964~1976	2015-03	18.00	454
历届巴尔干数学奥林匹克试题集	2015-05	38.00	466
保加利亚数学奥林匹克	2014-10	38.00	393
圣彼得堡数学奥林匹克试题集	2015-01	38.00	429
匈牙利奥林匹克数学竞赛题解.第1卷	2016-05	28.00	593
匈牙利奥林匹克数学竞赛题解.第2卷	2016-05	28.00	594
历届美国数学邀请赛试题集(第2版)	2017-10	78.00	851
普林斯顿大学数学竞赛	2016-06	38.00	669
亚太地区数学奥林匹克竞赛题	2015-07	18.00	492
日本历届(初级)广中杯数学竞赛试题及解答.第1卷(2000~2007)	2016-05	28.00	641
日本历届(初级)广中杯数学竞赛试题及解答.第2卷(2008~2015)	2016-05	38.00	642
越南数学奥林匹克题选:1962-2009	2021-07	48.00	1370
360个数学竞赛问题	2016-08	58.00	677
奥数最佳实战题.上卷	2017-06	38.00	760
奥数最佳实战题.下卷	2017-05	58.00	761
哈尔滨市早期中学数学竞赛试题汇编	2016-07	28.00	672
全国高中数学联赛试题及解答:1981—2019(第4版)	2020-07	138.00	1176
2022年全国高中数学联合竞赛模拟题集	2022-06	30.00	1521

刘培杰数学工作室

已出版(即将出版)图书目录——初等数学

书 名	出版时间	定 价	编号
20 世纪 50 年代全国部分城市数学竞赛试题汇编	2017-07	28.00	797
国内外数学竞赛题及精解:2018~2019	2020-08	45.00	1192
国内外数学竞赛题及精解:2019~2020	2021-11	58.00	1439
许康华竞赛优学精选集. 第一辑	2018-08	68.00	949
天问叶班数学问题征解 100 题. Ⅰ,2016-2018	2019-05	88.00	1075
天问叶班数学问题征解 100 题. Ⅱ,2017-2019	2020-07	98.00	1177
美国初中数学竞赛:AMC8 准备(共 6 卷)	2019-07	138.00	1089
美国高中数学竞赛:AMC10 准备(共 6 卷)	2019-08	158.00	1105
王连笑教你怎样学数学:高考选择题解题策略与客观题实用训练	2014-01	48.00	262
王连笑教你怎样学数学:高考数学高层次讲座	2015-02	48.00	432
高考数学的理论与实践	2009-08	38.00	53
高考数学核心题型解题方法与技巧	2010-01	28.00	86
高考思维新平台	2014-03	38.00	259
高考数学压轴题解题诀窍(上)(第 2 版)	2018-01	58.00	874
高考数学压轴题解题诀窍(下)(第 2 版)	2018-01	48.00	875
北京市五区文科数学三年高考模拟题详解:2013~2015	2015-08	48.00	500
北京市五区理科数学三年高考模拟题详解:2013~2015	2015-09	68.00	505
向量法巧解数学高考题	2009-08	28.00	54
高中数学课堂教学的实践与反思	2021-11	48.00	791
数学高考参考	2016-01	78.00	589
新课程标准高考数学解答题各种题型解法指导	2020-08	78.00	1196
全国及各省市高考数学试题审题要津与解法研究	2015-02	48.00	450
高中数学章节起始课的教学研究与案例设计	2019-05	28.00	1064
新课标高考数学——五年试题分章详解(2007~2011)(上、下)	2011-10	78.00	140,141
全国中考数学压轴题审题要津与解法研究	2013-04	78.00	248
新编全国及各省市中考数学压轴题审题要津与解法研究	2014-05	58.00	342
全国及各省市 5 年中考数学压轴题审题要津与解法研究(2015 版)	2015-04	58.00	462
中考数学专题总复习	2007-04	28.00	6
中考数学较难题常考题型解题方法与技巧	2016-09	48.00	681
中考数学难题常考题型解题方法与技巧	2016-09	48.00	682
中考数学中档题常考题型解题方法与技巧	2017-08	68.00	835
中考数学选择填空压轴好题妙解 365	2017-05	38.00	759
中考数学:三类重点考题的解法例析与习题	2020-04	48.00	1140
中小学数学的历史文化	2019-11	48.00	1124
初中平面几何百题多思创新解	2020-01	58.00	1125
初中数学中考备考	2020-01	58.00	1126
高考数学之九章演义	2019-08	68.00	1044
高考数学之难题谈笑间	2022-06	68.00	1519
化学可以这样学:高中化学知识方法智慧感悟疑难辨析	2019-07	58.00	1103
如何成为学习高手	2019-09	58.00	1107
高考数学:经典真题分类解析	2020-04	78.00	1134
高考数学解答题破解策略	2020-11	58.00	1221
从分析解题过程学解题:高考压轴题与竞赛题之关系探究	2020-08	88.00	1179
教学新思考:单元整体视角下的初中数学教学设计	2021-03	58.00	1278
思维再拓展:2020 年经典几何题的多解探究与思考	即将出版		1279
中考数学小压轴汇编初讲	2017-07	48.00	788
中考数学大压轴专题微言	2017-09	48.00	846
怎么解中考平面几何探索题	2019-06	48.00	1093
北京中考数学压轴题解题方法突破(第 8 版)	2022-11	78.00	1577
助你高考成功的数学解题智慧:知识是智慧的基础	2016-01	58.00	596
助你高考成功的数学解题智慧:错误是智慧的试金石	2016-04	58.00	643
助你高考成功的数学解题智慧:方法是智慧的推手	2016-04	68.00	657
高考数学奇思妙解	2016-04	38.00	610
高考数学解题策略	2016-05	48.00	670

刘培杰数学工作室
已出版(即将出版)图书目录——初等数学

书　　名	出版时间	定　价	编号
数学解题泄天机(第2版)	2017-10	48.00	850
高考物理压轴题全解	2017-04	58.00	746
高中物理经典问题25讲	2017-05	28.00	764
高中物理教学讲义	2018-01	48.00	871
高中物理教学讲义:全模块	2022-03	98.00	1492
高中物理答疑解惑65篇	2021-11	48.00	1462
中学物理基础问题解析	2020-08	48.00	1183
2017年高考理科数学真题研究	2018-01	58.00	867
2017年高考文科数学真题研究	2018-01	48.00	868
初中数学、高中数学脱节知识补缺教材	2017-06	48.00	766
高考数学小题抢分必练	2017-10	48.00	834
高考数学核心素养解读	2017-09	38.00	839
高考数学客观题解题方法和技巧	2017-10	38.00	847
十年高考数学精品试题审题要津与解法研究	2021-10	98.00	1427
中国历届高考数学试题及解答.1949-1979	2018-01	38.00	877
历届中国高考数学试题及解答.第二卷,1980—1989	2018-10	28.00	975
历届中国高考数学试题及解答.第三卷,1990—1999	2018-10	48.00	976
数学文化与高考研究	2018-03	48.00	882
跟我学解高中数学题	2018-07	58.00	926
中学数学研究的方法及案例	2018-05	58.00	869
高考数学抢分技能	2018-07	68.00	934
高一新生常用数学方法和重要数学思想提升教材	2018-06	38.00	921
2018年高考数学真题研究	2019-01	68.00	1000
2019年高考数学真题研究	2020-05	88.00	1137
高考数学全国卷六道解答题常考题型解题诀窍:理科(全2册)	2019-07	78.00	1101
高考数学全国卷16道选择、填空题常考题型解题诀窍.理科	2018-09	88.00	971
高考数学全国卷16道选择、填空题常考题型解题诀窍.文科	2020-01	88.00	1123
高中数学一题多解	2019-06	58.00	1087
历届中国高考数学试题及解答:1917-1999	2021-08	98.00	1371
2000~2003年全国及各省市高考数学试题及解答	2022-05	88.00	1499
2004年全国及各省市高考数学试题及解答	2022-07	78.00	1500
突破高原:高中数学解题思维探究	2021-08	48.00	1375
高考数学中的"取值范围"	2021-10	48.00	1429
新课程标准高中数学各种题型解法大全.必修一分册	2021-06	58.00	1315
新课程标准高中数学各种题型解法大全.必修二分册	2022-01	68.00	1471
高中数学各种题型解法大全.选择性必修一分册	2022-06	68.00	1525
高中数学各种题型解法大全.选择性必修二分册	2023-01	58.00	1600

书　　名	出版时间	定　价	编号
新编640个世界著名数学智力趣题	2014-01	88.00	242
500个最新世界著名数学智力趣题	2008-06	48.00	3
400个最新世界著名数学最值问题	2008-09	48.00	36
500个世界著名数学征解问题	2009-06	48.00	52
400个中国最佳初等数学征解老问题	2010-01	48.00	60
500个俄罗斯数学经典老题	2011-01	28.00	81
1000个国外中学物理好题	2012-04	48.00	174
300个日本高考数学题	2012-05	38.00	142
700个早期日本高考数学试题	2017-02	88.00	752
500个前苏联早期高考数学试题及解答	2012-05	28.00	185
546个早期俄罗斯大学生数学竞赛题	2014-03	38.00	285
548个来自美苏的数学好问题	2014-11	28.00	396
20所苏联著名大学早期入学试题	2015-02	18.00	452
161道德国工科大学生必做的微分方程习题	2015-05	28.00	469
500个德国工科大学生必做的高数习题	2015-06	28.00	478
360个数学竞赛问题	2016-08	58.00	677
200个趣味数学故事	2018-02	48.00	857
470个数学奥林匹克中的最值问题	2018-10	88.00	985
德国讲义日本考题.微积分卷	2015-04	48.00	456
德国讲义日本考题.微分方程卷	2015-04	38.00	457
二十世纪中叶中、英、美、日、法、俄高考数学试题精选	2017-06	38.00	783

刘培杰数学工作室
已出版(即将出版)图书目录——初等数学

书　　名	出版时间	定　价	编号
中国初等数学研究　2009 卷(第 1 辑)	2009-05	20.00	45
中国初等数学研究　2010 卷(第 2 辑)	2010-05	30.00	68
中国初等数学研究　2011 卷(第 3 辑)	2011-07	60.00	127
中国初等数学研究　2012 卷(第 4 辑)	2012-07	48.00	190
中国初等数学研究　2014 卷(第 5 辑)	2014-02	48.00	288
中国初等数学研究　2015 卷(第 6 辑)	2015-06	68.00	493
中国初等数学研究　2016 卷(第 7 辑)	2016-04	68.00	609
中国初等数学研究　2017 卷(第 8 辑)	2017-01	98.00	712
初等数学研究在中国.第 1 辑	2019-03	158.00	1024
初等数学研究在中国.第 2 辑	2019-10	158.00	1116
初等数学研究在中国.第 3 辑	2021-05	158.00	1306
初等数学研究在中国.第 4 辑	2022-06	158.00	1520
几何变换(Ⅰ)	2014-07	28.00	353
几何变换(Ⅱ)	2015-06	28.00	354
几何变换(Ⅲ)	2015-01	38.00	355
几何变换(Ⅳ)	2015-12	38.00	356
初等数论难题集(第一卷)	2009-05	68.00	44
初等数论难题集(第二卷)(上、下)	2011-02	128.00	82,83
数论概貌	2011-03	18.00	93
代数数论(第二版)	2013-08	58.00	94
代数多项式	2014-06	38.00	289
初等数论的知识与问题	2011-02	28.00	95
超越数论基础	2011-03	28.00	96
数论初等教程	2011-03	28.00	97
数论基础	2011-03	18.00	98
数论基础与维诺格拉多夫	2014-03	18.00	292
解析数论基础	2012-08	28.00	216
解析数论基础(第二版)	2014-01	48.00	287
解析数论问题集(第二版)(原版引进)	2014-05	88.00	343
解析数论问题集(第二版)(中译本)	2016-04	88.00	607
解析数论基础(潘承洞,潘承彪著)	2016-07	98.00	673
解析数论导引	2016-07	58.00	674
数论入门	2011-03	38.00	99
代数数论入门	2015-03	38.00	448
数论开篇	2012-07	28.00	194
解析数论引论	2011-03	48.00	100
Barban Davenport Halberstam 均值和	2009-01	40.00	33
基础数论	2011-03	28.00	101
初等数论 100 例	2011-05	18.00	122
初等数论经典例题	2012-07	18.00	204
最新世界各国数学奥林匹克中的初等数论试题(上、下)	2012-01	138.00	144,145
初等数论(Ⅰ)	2012-01	18.00	156
初等数论(Ⅱ)	2012-01	18.00	157
初等数论(Ⅲ)	2012-01	28.00	158

刘培杰数学工作室
已出版(即将出版)图书目录——初等数学

书　　名	出版时间	定　价	编号
平面几何与数论中未解决的新老问题	2013-01	68.00	229
代数数论简史	2014-11	28.00	408
代数数论	2015-09	88.00	532
代数、数论及分析习题集	2016-11	98.00	695
数论导引提要及习题解答	2016-01	48.00	559
素数定理的初等证明.第2版	2016-09	48.00	686
数论中的模函数与狄利克雷级数(第二版)	2017-11	78.00	837
数论:数学导引	2018-01	68.00	849
范氏大代数	2019-02	98.00	1016
解析数学讲义.第一卷,导来式及微分、积分、级数	2019-04	88.00	1021
解析数学讲义.第二卷,关于几何的应用	2019-04	68.00	1022
解析数学讲义.第三卷,解析函数论	2019-04	78.00	1023
分析·组合·数论纵横谈	2019-04	58.00	1039
Hall代数:民国时期的中学数学课本:英文	2019-08	88.00	1106
基谢廖夫初等代数	2022-07	38.00	1531
数学精神巡礼	2019-01	58.00	731
数学眼光透视(第2版)	2017-06	78.00	732
数学思想领悟(第2版)	2018-01	68.00	733
数学方法溯源(第2版)	2018-08	68.00	734
数学解题引论	2017-05	58.00	735
数学史话览胜(第2版)	2017-01	48.00	736
数学应用展观(第2版)	2017-08	68.00	737
数学建模尝试	2018-04	48.00	738
数学竞赛采风	2018-01	68.00	739
数学测评探营	2019-05	58.00	740
数学技能操握	2018-03	48.00	741
数学欣赏拾趣	2018-02	48.00	742
从毕达哥拉斯到怀尔斯	2007-10	48.00	9
从迪利克雷到维斯卡尔迪	2008-01	48.00	21
从哥德巴赫到陈景润	2008-05	98.00	35
从庞加莱到佩雷尔曼	2011-08	138.00	136
博弈论精粹	2008-03	58.00	30
博弈论精粹.第二版(精装)	2015-01	88.00	461
数学 我爱你	2008-01	28.00	20
精神的圣徒　别样的人生——60位中国数学家成长的历程	2008-09	48.00	39
数学史概论	2009-06	78.00	50
数学史概论(精装)	2013-03	158.00	272
数学史选讲	2016-01	48.00	544
斐波那契数列	2010-02	28.00	65
数学拼盘和斐波那契魔方	2010-07	38.00	72
斐波那契数列欣赏(第2版)	2018-08	58.00	948
Fibonacci数列中的明珠	2018-06	58.00	928
数学的创造	2011-02	48.00	85
数学美与创造力	2016-01	48.00	595
数海拾贝	2016-01	48.00	590
数学中的美(第2版)	2019-04	68.00	1057
数论中的美学	2014-12	38.00	351

刘培杰数学工作室 已出版(即将出版)图书目录——初等数学

书　　名	出版时间	定　价	编号
数学王者　科学巨人——高斯	2015-01	28.00	428
振兴祖国数学的圆梦之旅:中国初等数学研究史话	2015-06	98.00	490
二十世纪中国数学史料研究	2015-10	48.00	536
数字谜、数阵图与棋盘覆盖	2016-01	58.00	298
时间的形状	2016-01	38.00	556
数学发现的艺术:数学探索中的合情推理	2016-07	58.00	671
活跃在数学中的参数	2016-07	48.00	675
数海趣史	2021-05	98.00	1314
数学解题——靠数学思想给力(上)	2011-07	38.00	131
数学解题——靠数学思想给力(中)	2011-07	48.00	132
数学解题——靠数学思想给力(下)	2011-07	38.00	133
我怎样解题	2013-01	48.00	227
数学解题中的物理方法	2011-06	28.00	114
数学解题的特殊方法	2011-06	48.00	115
中学数学计算技巧(第2版)	2020-10	48.00	1220
中学数学证明方法	2012-01	58.00	117
数学趣题巧解	2012-03	28.00	128
高中数学教学通鉴	2015-05	58.00	479
和高中生漫谈:数学与哲学的故事	2014-08	28.00	369
算术问题集	2017-03	38.00	789
张教授讲数学	2018-07	38.00	933
陈永明实话实说数学教学	2020-04	68.00	1132
中学数学学科知识与教学能力	2020-06	58.00	1155
怎样把课讲好:大罕数学教学随笔	2022-03	58.00	1484
中国高考评价体系下高考数学探秘	2022-03	48.00	1487
自主招生考试中的参数方程问题	2015-01	28.00	435
自主招生考试中的极坐标问题	2015-04	28.00	463
近年全国重点大学自主招生数学试题全解及研究.华约卷	2015-02	38.00	441
近年全国重点大学自主招生数学试题全解及研究.北约卷	2016-05	38.00	619
自主招生数学解证宝典	2015-09	48.00	535
中国科学技术大学创新班数学真题解析	2022-03	48.00	1488
中国科学技术大学创新班物理真题解析	2022-03	58.00	1489
格点和面积	2012-07	18.00	191
射影几何趣谈	2012-04	28.00	175
斯潘纳尔引理——从一道加拿大数学奥林匹克试题谈起	2014-01	28.00	228
李普希兹条件——从几道近年高考数学试题谈起	2012-10	18.00	221
拉格朗日中值定理——从一道北京高考试题的解法谈起	2015-10	18.00	197
闵科夫斯基定理——从一道清华大学自主招生试题谈起	2014-01	28.00	198
哈尔测度——从一道冬令营试题的背景谈起	2012-08	28.00	202
切比雪夫逼近问题——从一道中国台北数学奥林匹克试题谈起	2013-04	38.00	238
伯恩斯坦多项式与贝齐尔曲面——从一道全国高中数学联赛试题谈起	2013-03	38.00	236
卡塔兰猜想——从一道普特南竞赛试题谈起	2013-06	18.00	256
麦卡锡函数和阿克曼函数——从一道前南斯拉夫数学奥林匹克试题谈起	2012-08	18.00	201
贝蒂定理与拉姆贝克莫斯尔定理——从一个拣石子游戏谈起	2012-08	18.00	217
皮亚诺曲线和豪斯道夫分球定理——从无限集谈起	2012-08	18.00	211
平面凸图形与凸多面体	2012-10	28.00	218
斯坦因豪斯问题——从一道二十五省市自治区中学数学竞赛试题谈起	2012-07	18.00	196

刘培杰数学工作室
已出版(即将出版)图书目录——初等数学

书　　名	出版时间	定　价	编号
纽结理论中的亚历山大多项式与琼斯多项式——从一道北京市高一数学竞赛试题谈起	2012-07	28.00	195
原则与策略——从波利亚"解题表"谈起	2013-04	38.00	244
转化与化归——从三大尺规作图不能问题谈起	2012-08	28.00	214
代数几何中的贝祖定理(第一版)——从一道 IMO 试题的解法谈起	2013-08	18.00	193
成功连贯理论与约当块理论——从一道比利时数学竞赛试题谈起	2012-04	18.00	180
素数判定与大数分解	2014-08	18.00	199
置换多项式及其应用	2012-10	18.00	220
椭圆函数与模函数——从一道美国加州大学洛杉矶分校(UCLA)博士资格考题谈起	2012-10	28.00	219
差分方程的拉格朗日方法——从一道 2011 年全国高考理科试题的解法谈起	2012-08	28.00	200
力学在几何中的一些应用	2013-01	38.00	240
从根式解到伽罗华理论	2020-01	48.00	1121
康托洛维奇不等式——从一道全国高中联赛试题谈起	2013-03	28.00	337
西格尔引理——从一道第 18 届 IMO 试题的解法谈起	即将出版		
罗斯定理——从一道前苏联数学竞赛试题谈起	即将出版		
拉克斯定理和阿廷定理——从一道 IMO 试题的解法谈起	2014-01	58.00	246
毕卡大定理——从一道美国大学数学竞赛试题谈起	2014-07	18.00	350
贝齐尔曲线——从一道全国高中联赛试题谈起	即将出版		
拉格朗日乘子定理——从一道 2005 年全国高中联赛试题的高等数学解法谈起	2015-05	28.00	480
雅可比定理——从一道日本数学奥林匹克试题谈起	2013-04	48.00	249
李天岩-约克定理——从一道波兰数学竞赛试题谈起	2014-06	28.00	349
受控理论与初等不等式:从一道 IMO 试题的解法谈起	2023-03	48.00	1601
布劳维不动点定理——从一道前苏联数学奥林匹克试题谈起	2014-01	38.00	273
伯恩赛德定理——从一道英国数学奥林匹克试题谈起	即将出版		
布查特-莫斯特定理——从一道上海市初中竞赛试题谈起	即将出版		
数论中的同余数问题——从一道普特南竞赛试题谈起	即将出版		
范·德蒙行列式——从一道美国数学奥林匹克试题谈起	即将出版		
中国剩余定理:总数法构建中国历史年表	2015-01	28.00	430
牛顿程序与方程求根——从一道全国高考试题解法谈起	即将出版		
库默尔定理——从一道 IMO 预选试题谈起	即将出版		
卢丁定理——从一道冬令营试题的解法谈起	即将出版		
沃斯滕霍姆定理——从一道 IMO 预选试题谈起	即将出版		
卡尔松不等式——从一道莫斯科数学奥林匹克试题谈起	即将出版		
信息论中的香农熵——从一道近年高考压轴题谈起	即将出版		
约当不等式——从一道希望杯竞赛试题谈起	即将出版		
拉比诺维奇定理	即将出版		
刘维尔定理——从一道《美国数学月刊》征解问题的解法谈起	即将出版		
卡塔兰恒等式与级数求和——从一道 IMO 试题的解法谈起	即将出版		
勒让德猜想与素数分布——从一道爱尔兰竞赛试题谈起	即将出版		
天平称重与信息论——从一道基辅市数学奥林匹克试题谈起	即将出版		
哈密尔顿-凯莱定理:从一道高中数学联赛试题的解法谈起	2014-09	18.00	376
艾思特曼定理——从一道 CMO 试题的解法谈起	即将出版		

刘培杰数学工作室
已出版(即将出版)图书目录——初等数学

书　　名	出版时间	定　价	编号
阿贝尔恒等式与经典不等式及应用	2018-06	98.00	923
迪利克雷除数问题	2018-07	48.00	930
幻方、幻立方与拉丁方	2019-08	48.00	1092
帕斯卡三角形	2014-03	18.00	294
蒲丰投针问题——从2009年清华大学的一道自主招生试题谈起	2014-01	38.00	295
斯图姆定理——从一道"华约"自主招生试题的解法谈起	2014-01	18.00	296
许瓦兹引理——从一道加利福尼亚大学伯克利分校数学系博士生试题谈起	2014-08	18.00	297
拉姆塞定理——从王诗宬院士的一个问题谈起	2016-04	48.00	299
坐标法	2013-12	28.00	332
数论三角形	2014-04	38.00	341
毕克定理	2014-07	18.00	352
数林掠影	2014-09	48.00	389
我们周围的概率	2014-10	38.00	390
凸函数最值定理:从一道华约自主招生题的解法谈起	2014-10	28.00	391
易学与数学奥林匹克	2014-10	38.00	392
生物数学趣谈	2015-01	18.00	409
反演	2015-01	28.00	420
因式分解与圆锥曲线	2015-01	18.00	426
轨迹	2015-01	28.00	427
面积原理:从常庚哲命的一道 CMO 试题的积分解法谈起	2015-01	48.00	431
形形色色的不动点定理:从一道 28 届 IMO 试题谈起	2015-01	38.00	439
柯西函数方程:从一道上海交大自主招生的试题谈起	2015-02	28.00	440
三角恒等式	2015-02	28.00	442
无理性判定:从一道 2014 年"北约"自主招生试题谈起	2015-01	38.00	443
数学归纳法	2015-03	18.00	451
极端原理与解题	2015-04	28.00	464
法雷级数	2014-08	18.00	367
摆线族	2015-01	38.00	438
函数方程及其解法	2015-05	38.00	470
含参数的方程和不等式	2012-09	28.00	213
希尔伯特第十问题	2016-01	38.00	543
无穷小量的求和	2016-01	28.00	545
切比雪夫多项式:从一道清华大学金秋营试题谈起	2016-01	38.00	583
泽肯多夫定理	2016-03	38.00	599
代数等式证题法	2016-01	28.00	600
三角等式证题法	2016-01	28.00	601
吴大任教授藏书中的一个因式分解公式:从一道美国数学邀请赛试题的解法谈起	2016-06	28.00	656
易卦——类万物的数学模型	2017-08	68.00	838
"不可思议"的数与数系可持续发展	2018-01	38.00	878
最短线	2018-01	38.00	879
数学在天文、地理、光学、机械力学中的一些应用	2023-03	88.00	1576
从阿基米德三角形谈起	2023-01	28.00	1578
幻方和魔方(第一卷)	2012-05	68.00	173
尘封的经典——初等数学经典文献选读(第一卷)	2012-07	48.00	205
尘封的经典——初等数学经典文献选读(第二卷)	2012-07	38.00	206
初级方程式论	2011-03	28.00	106
初等数学研究(Ⅰ)	2008-09	68.00	37
初等数学研究(Ⅱ)(上、下)	2009-05	118.00	46,47
初等数学专题研究	2022-10	68.00	1568

刘培杰数学工作室
已出版(即将出版)图书目录——初等数学

书　　名	出版时间	定　价	编号
趣味初等方程妙题集锦	2014-09	48.00	388
趣味初等数论选美与欣赏	2015-02	48.00	445
耕读笔记(上卷):一位农民数学爱好者的初数探索	2015-04	28.00	459
耕读笔记(中卷):一位农民数学爱好者的初数探索	2015-05	28.00	483
耕读笔记(下卷):一位农民数学爱好者的初数探索	2015-05	28.00	484
几何不等式研究与欣赏.上卷	2016-01	88.00	547
几何不等式研究与欣赏.下卷	2016-01	48.00	552
初等数列研究与欣赏·上	2016-01	48.00	570
初等数列研究与欣赏·下	2016-01	48.00	571
趣味初等函数研究与欣赏.上	2016-09	48.00	684
趣味初等函数研究与欣赏.下	2018-09	48.00	685
三角不等式研究与欣赏	2020-10	68.00	1197
新编平面解析几何解题方法研究与欣赏	2021-10	78.00	1426
火柴游戏(第2版)	2022-05	38.00	1493
智力解谜.第1卷	2017-07	38.00	613
智力解谜.第2卷	2017-07	38.00	614
故事智力	2016-07	48.00	615
名人们喜欢的智力问题	2020-01	48.00	616
数学大师的发现、创造与失误	2018-01	48.00	617
异曲同工	2018-09	48.00	618
数学的味道	2018-01	58.00	798
数学千字文	2018-10	68.00	977
数贝偶拾——高考数学题研究	2014-04	28.00	274
数贝偶拾——初等数学研究	2014-04	38.00	275
数贝偶拾——奥数题研究	2014-04	48.00	276
钱昌本教你快乐学数学(上)	2011-12	48.00	155
钱昌本教你快乐学数学(下)	2012-03	58.00	171
集合、函数与方程	2014-01	28.00	300
数列与不等式	2014-01	38.00	301
三角与平面向量	2014-01	28.00	302
平面解析几何	2014-01	38.00	303
立体几何与组合	2014-01	28.00	304
极限与导数、数学归纳法	2014-01	38.00	305
趣味数学	2014-03	28.00	306
教材教法	2014-04	68.00	307
自主招生	2014-05	58.00	308
高考压轴题(上)	2015-01	48.00	309
高考压轴题(下)	2014-10	68.00	310
从费马到怀尔斯——费马大定理的历史	2013-10	198.00	Ⅰ
从庞加莱到佩雷尔曼——庞加莱猜想的历史	2013-10	298.00	Ⅱ
从切比雪夫到爱尔特希(上)——素数定理的初等证明	2013-07	48.00	Ⅲ
从切比雪夫到爱尔特希(下)——素数定理100年	2012-12	98.00	Ⅲ
从高斯到盖尔方特——二次域的高斯猜想	2013-10	198.00	Ⅳ
从库默尔到朗兰兹——朗兰兹猜想的历史	2014-01	98.00	Ⅴ
从比勃巴赫到德布朗斯——比勃巴赫猜想的历史	2014-02	298.00	Ⅵ
从麦比乌斯到陈省身——麦比乌斯变换与麦比乌斯带	2014-02	298.00	Ⅶ
从布尔到豪斯道夫——布尔方程与格论漫谈	2013-10	198.00	Ⅷ
从开普勒到阿诺德——三体问题的历史	2014-05	298.00	Ⅸ
从华林到华罗庚——华林问题的历史	2013-10	298.00	Ⅹ

刘培杰数学工作室
已出版(即将出版)图书目录——初等数学

书　　名	出版时间	定　价	编号
美国高中数学竞赛五十讲. 第1卷(英文)	2014-08	28.00	357
美国高中数学竞赛五十讲. 第2卷(英文)	2014-08	28.00	358
美国高中数学竞赛五十讲. 第3卷(英文)	2014-09	28.00	359
美国高中数学竞赛五十讲. 第4卷(英文)	2014-09	28.00	360
美国高中数学竞赛五十讲. 第5卷(英文)	2014-10	28.00	361
美国高中数学竞赛五十讲. 第6卷(英文)	2014-11	28.00	362
美国高中数学竞赛五十讲. 第7卷(英文)	2014-12	28.00	363
美国高中数学竞赛五十讲. 第8卷(英文)	2015-01	28.00	364
美国高中数学竞赛五十讲. 第9卷(英文)	2015-01	28.00	365
美国高中数学竞赛五十讲. 第10卷(英文)	2015-02	38.00	366
三角函数(第2版)	2017-04	38.00	626
不等式	2014-01	38.00	312
数列	2014-01	38.00	313
方程(第2版)	2017-04	38.00	624
排列和组合	2014-01	28.00	315
极限与导数(第2版)	2016-04	38.00	635
向量(第2版)	2018-08	58.00	627
复数及其应用	2014-08	28.00	318
函数	2014-01	38.00	319
集合	2020-01	48.00	320
直线与平面	2014-01	28.00	321
立体几何(第2版)	2016-04	38.00	629
解三角形	即将出版		323
直线与圆(第2版)	2016-11	38.00	631
圆锥曲线(第2版)	2016-09	48.00	632
解题通法(一)	2014-07	38.00	326
解题通法(二)	2014-07	38.00	327
解题通法(三)	2014-05	38.00	328
概率与统计	2014-01	28.00	329
信息迁移与算法	即将出版		330
IMO 50年. 第1卷(1959-1963)	2014-11	28.00	377
IMO 50年. 第2卷(1964-1968)	2014-11	28.00	378
IMO 50年. 第3卷(1969-1973)	2014-09	28.00	379
IMO 50年. 第4卷(1974-1978)	2016-04	38.00	380
IMO 50年. 第5卷(1979-1984)	2015-04	38.00	381
IMO 50年. 第6卷(1985-1989)	2015-04	58.00	382
IMO 50年. 第7卷(1990-1994)	2016-01	48.00	383
IMO 50年. 第8卷(1995-1999)	2016-06	38.00	384
IMO 50年. 第9卷(2000-2004)	2015-04	58.00	385
IMO 50年. 第10卷(2005-2009)	2016-01	48.00	386
IMO 50年. 第11卷(2010-2015)	2017-03	48.00	646

刘培杰数学工作室
已出版(即将出版)图书目录——初等数学

书　　名	出版时间	定　价	编号
数学反思(2006—2007)	2020-09	88.00	915
数学反思(2008—2009)	2019-01	68.00	917
数学反思(2010—2011)	2018-05	58.00	916
数学反思(2012—2013)	2019-01	58.00	918
数学反思(2014—2015)	2019-03	78.00	919
数学反思(2016—2017)	2021-03	58.00	1286
数学反思(2018—2019)	2023-01	88.00	1593
历届美国大学生数学竞赛试题集.第一卷(1938—1949)	2015-01	28.00	397
历届美国大学生数学竞赛试题集.第二卷(1950—1959)	2015-01	28.00	398
历届美国大学生数学竞赛试题集.第三卷(1960—1969)	2015-01	28.00	399
历届美国大学生数学竞赛试题集.第四卷(1970—1979)	2015-01	18.00	400
历届美国大学生数学竞赛试题集.第五卷(1980—1989)	2015-01	28.00	401
历届美国大学生数学竞赛试题集.第六卷(1990—1999)	2015-01	28.00	402
历届美国大学生数学竞赛试题集.第七卷(2000—2009)	2015-08	18.00	403
历届美国大学生数学竞赛试题集.第八卷(2010—2012)	2015-01	18.00	404
新课标高考数学创新题解题诀窍:总论	2014-09	28.00	372
新课标高考数学创新题解题诀窍:必修1～5分册	2014-08	38.00	373
新课标高考数学创新题解题诀窍:选修2-1,2-2,1-1,1-2分册	2014-09	38.00	374
新课标高考数学创新题解题诀窍:选修2-3,4-4,4-5分册	2014-09	18.00	375
全国重点大学自主招生英文数学试题全攻略:词汇卷	2015-07	48.00	410
全国重点大学自主招生英文数学试题全攻略:概念卷	2015-01	28.00	411
全国重点大学自主招生英文数学试题全攻略:文章选读卷(上)	2016-09	38.00	412
全国重点大学自主招生英文数学试题全攻略:文章选读卷(下)	2017-01	58.00	413
全国重点大学自主招生英文数学试题全攻略:试题卷	2015-07	38.00	414
全国重点大学自主招生英文数学试题全攻略:名著欣赏卷	2017-03	48.00	415
劳埃德数学趣题大全.题目卷.1:英文	2016-01	18.00	516
劳埃德数学趣题大全.题目卷.2:英文	2016-01	18.00	517
劳埃德数学趣题大全.题目卷.3:英文	2016-01	18.00	518
劳埃德数学趣题大全.题目卷.4:英文	2016-01	18.00	519
劳埃德数学趣题大全.题目卷.5:英文	2016-01	18.00	520
劳埃德数学趣题大全.答案卷:英文	2016-01	18.00	521
李成章教练奥数笔记.第1卷	2016-01	48.00	522
李成章教练奥数笔记.第2卷	2016-01	48.00	523
李成章教练奥数笔记.第3卷	2016-01	38.00	524
李成章教练奥数笔记.第4卷	2016-01	38.00	525
李成章教练奥数笔记.第5卷	2016-01	38.00	526
李成章教练奥数笔记.第6卷	2016-01	38.00	527
李成章教练奥数笔记.第7卷	2016-01	38.00	528
李成章教练奥数笔记.第8卷	2016-01	48.00	529
李成章教练奥数笔记.第9卷	2016-01	28.00	530

刘培杰数学工作室
已出版(即将出版)图书目录——初等数学

书　　名	出版时间	定　价	编号
第19～23届"希望杯"全国数学邀请赛试题审题要津详细评注(初一版)	2014-03	28.00	333
第19～23届"希望杯"全国数学邀请赛试题审题要津详细评注(初二、初三版)	2014-03	38.00	334
第19～23届"希望杯"全国数学邀请赛试题审题要津详细评注(高一版)	2014-03	28.00	335
第19～23届"希望杯"全国数学邀请赛试题审题要津详细评注(高二版)	2014-03	38.00	336
第19～25届"希望杯"全国数学邀请赛试题审题要津详细评注(初一版)	2015-01	38.00	416
第19～25届"希望杯"全国数学邀请赛试题审题要津详细评注(初二、初三版)	2015-01	58.00	417
第19～25届"希望杯"全国数学邀请赛试题审题要津详细评注(高一版)	2015-01	48.00	418
第19～25届"希望杯"全国数学邀请赛试题审题要津详细评注(高二版)	2015-01	48.00	419

书　　名	出版时间	定　价	编号
物理奥林匹克竞赛大题典——力学卷	2014-11	48.00	405
物理奥林匹克竞赛大题典——热学卷	2014-04	28.00	339
物理奥林匹克竞赛大题典——电磁学卷	2015-07	48.00	406
物理奥林匹克竞赛大题典——光学与近代物理卷	2014-06	28.00	345

书　　名	出版时间	定　价	编号
历届中国东南地区数学奥林匹克试题集(2004～2012)	2014-06	18.00	346
历届中国西部地区数学奥林匹克试题集(2001～2012)	2014-07	18.00	347
历届中国女子数学奥林匹克试题集(2002～2012)	2014-08	18.00	348

书　　名	出版时间	定　价	编号
数学奥林匹克在中国	2014-06	98.00	344
数学奥林匹克问题集	2014-01	38.00	267
数学奥林匹克不等式散论	2010-06	38.00	124
数学奥林匹克不等式欣赏	2011-09	38.00	138
数学奥林匹克超级题库(初中卷上)	2010-01	58.00	66
数学奥林匹克不等式证明方法和技巧(上、下)	2011-08	158.00	134,135

书　　名	出版时间	定　价	编号
他们学什么:原民主德国中学数学课本	2016-09	38.00	658
他们学什么:英国中学数学课本	2016-09	38.00	659
他们学什么:法国中学数学课本.1	2016-09	38.00	660
他们学什么:法国中学数学课本.2	2016-09	28.00	661
他们学什么:法国中学数学课本.3	2016-09	38.00	662
他们学什么:苏联中学数学课本	2016-09	28.00	679

书　　名	出版时间	定　价	编号
高中数学题典——集合与简易逻辑·函数	2016-07	48.00	647
高中数学题典——导数	2016-07	48.00	648
高中数学题典——三角函数·平面向量	2016-07	48.00	649
高中数学题典——数列	2016-07	58.00	650
高中数学题典——不等式·推理与证明	2016-07	38.00	651
高中数学题典——立体几何	2016-07	48.00	652
高中数学题典——平面解析几何	2016-07	78.00	653
高中数学题典——计数原理·统计·概率·复数	2016-07	48.00	654
高中数学题典——算法·平面几何·初等数论·组合数学·其他	2016-07	68.00	655

刘培杰数学工作室
已出版(即将出版)图书目录——初等数学

书　　名	出版时间	定　价	编号
台湾地区奥林匹克数学竞赛试题. 小学一年级	2017-03	38.00	722
台湾地区奥林匹克数学竞赛试题. 小学二年级	2017-03	38.00	723
台湾地区奥林匹克数学竞赛试题. 小学三年级	2017-03	38.00	724
台湾地区奥林匹克数学竞赛试题. 小学四年级	2017-03	38.00	725
台湾地区奥林匹克数学竞赛试题. 小学五年级	2017-03	38.00	726
台湾地区奥林匹克数学竞赛试题. 小学六年级	2017-03	38.00	727
台湾地区奥林匹克数学竞赛试题. 初中一年级	2017-03	38.00	728
台湾地区奥林匹克数学竞赛试题. 初中二年级	2017-03	38.00	729
台湾地区奥林匹克数学竞赛试题. 初中三年级	2017-03	28.00	730
不等式证题法	2017-04	28.00	747
平面几何培优教程	2019-08	88.00	748
奥数鼎级培优教程. 高一分册	2018-09	88.00	749
奥数鼎级培优教程. 高二分册. 上	2018-04	68.00	750
奥数鼎级培优教程. 高二分册. 下	2018-04	68.00	751
高中数学竞赛冲刺宝典	2019-04	68.00	883
初中尖子生数学超级题典. 实数	2017-07	58.00	792
初中尖子生数学超级题典. 式、方程与不等式	2017-08	58.00	793
初中尖子生数学超级题典. 圆、面积	2017-08	38.00	794
初中尖子生数学超级题典. 函数、逻辑推理	2017-08	48.00	795
初中尖子生数学超级题典. 角、线段、三角形与多边形	2017-07	58.00	796
数学王子——高斯	2018-01	48.00	858
坎坷奇星——阿贝尔	2018-01	48.00	859
闪烁奇星——伽罗瓦	2018-01	58.00	860
无穷统帅——康托尔	2018-01	48.00	861
科学公主——柯瓦列夫斯卡娅	2018-01	48.00	862
抽象代数之母——埃米·诺特	2018-01	48.00	863
电脑先驱——图灵	2018-01	58.00	864
昔日神童——维纳	2018-01	48.00	865
数坛怪侠——爱尔特希	2018-01	68.00	866
传奇数学家徐利治	2019-09	88.00	1110
当代世界中的数学. 数学思想与数学基础	2019-01	38.00	892
当代世界中的数学. 数学问题	2019-01	38.00	893
当代世界中的数学. 应用数学与数学应用	2019-01	38.00	894
当代世界中的数学. 数学王国的新疆域(一)	2019-01	38.00	895
当代世界中的数学. 数学王国的新疆域(二)	2019-01	38.00	896
当代世界中的数学. 数林撷英(一)	2019-01	38.00	897
当代世界中的数学. 数林撷英(二)	2019-01	48.00	898
当代世界中的数学. 数学之路	2019-01	38.00	899

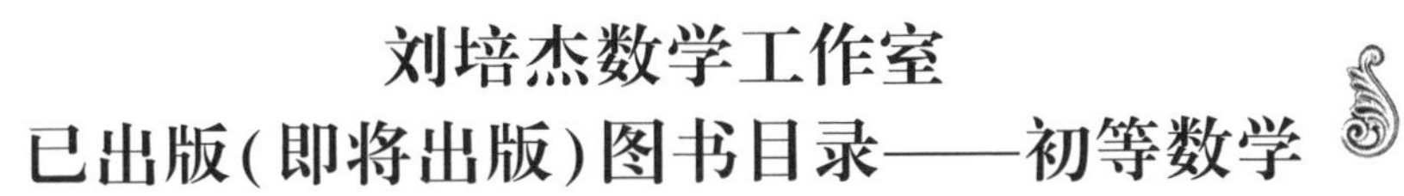

刘培杰数学工作室
已出版(即将出版)图书目录——初等数学

书　　名	出版时间	定　价	编号
105 个代数问题:来自 AwesomeMath 夏季课程	2019-02	58.00	956
106 个几何问题:来自 AwesomeMath 夏季课程	2020-07	58.00	957
107 个几何问题:来自 AwesomeMath 全年课程	2020-07	58.00	958
108 个代数问题:来自 AwesomeMath 全年课程	2019-01	68.00	959
109 个不等式:来自 AwesomeMath 夏季课程	2019-04	58.00	960
国际数学奥林匹克中的 110 个几何问题	即将出版		961
111 个代数和数论问题	2019-05	58.00	962
112 个组合问题:来自 AwesomeMath 夏季课程	2019-05	58.00	963
113 个几何不等式:来自 AwesomeMath 夏季课程	2020-08	58.00	964
114 个指数和对数问题:来自 AwesomeMath 夏季课程	2019-09	48.00	965
115 个三角问题:来自 AwesomeMath 夏季课程	2019-09	58.00	966
116 个代数不等式:来自 AwesomeMath 全年课程	2019-04	58.00	967
117 个多项式问题:来自 AwesomeMath 夏季课程	2021-09	58.00	1409
118 个数学竞赛不等式	2022-08	78.00	1526
紫色彗星国际数学竞赛试题	2019-02	58.00	999
数学竞赛中的数学:为数学爱好者、父母、教师和教练准备的丰富资源. 第一部	2020-04	58.00	1141
数学竞赛中的数学:为数学爱好者、父母、教师和教练准备的丰富资源. 第二部	2020-07	48.00	1142
和与积	2020-10	38.00	1219
数论:概念和问题	2020-12	68.00	1257
初等数学问题研究	2021-03	48.00	1270
数学奥林匹克中的欧几里得几何	2021-10	68.00	1413
数学奥林匹克题解新编	2022-01	58.00	1430
图论入门	2022-09	58.00	1554
澳大利亚中学数学竞赛试题及解答(初级卷)1978～1984	2019-02	28.00	1002
澳大利亚中学数学竞赛试题及解答(初级卷)1985～1991	2019-02	28.00	1003
澳大利亚中学数学竞赛试题及解答(初级卷)1992～1998	2019-02	28.00	1004
澳大利亚中学数学竞赛试题及解答(初级卷)1999～2005	2019-02	28.00	1005
澳大利亚中学数学竞赛试题及解答(中级卷)1978～1984	2019-03	28.00	1006
澳大利亚中学数学竞赛试题及解答(中级卷)1985～1991	2019-03	28.00	1007
澳大利亚中学数学竞赛试题及解答(中级卷)1992～1998	2019-03	28.00	1008
澳大利亚中学数学竞赛试题及解答(中级卷)1999～2005	2019-03	28.00	1009
澳大利亚中学数学竞赛试题及解答(高级卷)1978～1984	2019-05	28.00	1010
澳大利亚中学数学竞赛试题及解答(高级卷)1985～1991	2019-05	28.00	1011
澳大利亚中学数学竞赛试题及解答(高级卷)1992～1998	2019-05	28.00	1012
澳大利亚中学数学竞赛试题及解答(高级卷)1999～2005	2019-05	28.00	1013
天才中小学生智力测验题. 第一卷	2019-03	38.00	1026
天才中小学生智力测验题. 第二卷	2019-03	38.00	1027
天才中小学生智力测验题. 第三卷	2019-03	38.00	1028
天才中小学生智力测验题. 第四卷	2019-03	38.00	1029
天才中小学生智力测验题. 第五卷	2019-03	38.00	1030
天才中小学生智力测验题. 第六卷	2019-03	38.00	1031
天才中小学生智力测验题. 第七卷	2019-03	38.00	1032
天才中小学生智力测验题. 第八卷	2019-03	38.00	1033
天才中小学生智力测验题. 第九卷	2019-03	38.00	1034
天才中小学生智力测验题. 第十卷	2019-03	38.00	1035
天才中小学生智力测验题. 第十一卷	2019-03	38.00	1036
天才中小学生智力测验题. 第十二卷	2019-03	38.00	1037
天才中小学生智力测验题. 第十三卷	2019-03	38.00	1038

刘培杰数学工作室
已出版(即将出版)图书目录——初等数学

书　　名	出版时间	定　价	编号
重点大学自主招生数学备考全书:函数	2020-05	48.00	1047
重点大学自主招生数学备考全书:导数	2020-08	48.00	1048
重点大学自主招生数学备考全书:数列与不等式	2019-10	78.00	1049
重点大学自主招生数学备考全书:三角函数与平面向量	2020-08	68.00	1050
重点大学自主招生数学备考全书:平面解析几何	2020-07	58.00	1051
重点大学自主招生数学备考全书:立体几何与平面几何	2019-08	48.00	1052
重点大学自主招生数学备考全书:排列组合·概率统计·复数	2019-09	48.00	1053
重点大学自主招生数学备考全书:初等数论与组合数学	2019-08	48.00	1054
重点大学自主招生数学备考全书:重点大学自主招生真题.上	2019-04	68.00	1055
重点大学自主招生数学备考全书:重点大学自主招生真题.下	2019-04	58.00	1056
高中数学竞赛培训教程:平面几何问题的求解方法与策略.上	2018-05	68.00	906
高中数学竞赛培训教程:平面几何问题的求解方法与策略.下	2018-06	78.00	907
高中数学竞赛培训教程:整除与同余以及不定方程	2018-01	88.00	908
高中数学竞赛培训教程:组合计数与组合极值	2018-04	48.00	909
高中数学竞赛培训教程:初等代数	2019-04	78.00	1042
高中数学讲座:数学竞赛基础教程(第一册)	2019-06	48.00	1094
高中数学讲座:数学竞赛基础教程(第二册)	即将出版		1095
高中数学讲座:数学竞赛基础教程(第三册)	即将出版		1096
高中数学讲座:数学竞赛基础教程(第四册)	即将出版		1097
新编中学数学解题方法 1000 招丛书. 实数(初中版)	2022-05	58.00	1291
新编中学数学解题方法 1000 招丛书. 式(初中版)	2022-05	48.00	1292
新编中学数学解题方法 1000 招丛书. 方程与不等式(初中版)	2021-04	58.00	1293
新编中学数学解题方法 1000 招丛书. 函数(初中版)	2022-05	38.00	1294
新编中学数学解题方法 1000 招丛书. 角(初中版)	2022-05	48.00	1295
新编中学数学解题方法 1000 招丛书. 线段(初中版)	2022-05	48.00	1296
新编中学数学解题方法 1000 招丛书. 三角形与多边形(初中版)	2021-04	48.00	1297
新编中学数学解题方法 1000 招丛书. 圆(初中版)	2022-05	48.00	1298
新编中学数学解题方法 1000 招丛书. 面积(初中版)	2021-07	28.00	1299
新编中学数学解题方法 1000 招丛书. 逻辑推理(初中版)	2022-06	48.00	1300
高中数学题典精编. 第一辑. 函数	2022-01	58.00	1444
高中数学题典精编. 第一辑. 导数	2022-01	68.00	1445
高中数学题典精编. 第一辑. 三角函数·平面向量	2022-01	68.00	1446
高中数学题典精编. 第一辑. 数列	2022-01	58.00	1447
高中数学题典精编. 第一辑. 不等式·推理与证明	2022-01	58.00	1448
高中数学题典精编. 第一辑. 立体几何	2022-01	58.00	1449
高中数学题典精编. 第一辑. 平面解析几何	2022-01	68.00	1450
高中数学题典精编. 第一辑. 统计·概率·平面几何	2022-01	58.00	1451
高中数学题典精编. 第一辑. 初等数论·组合数学·数学文化·解题方法	2022-01	58.00	1452
历届全国初中数学竞赛试题分类解析. 初等代数	2022-09	98.00	1555
历届全国初中数学竞赛试题分类解析. 初等数论	2022-09	48.00	1556
历届全国初中数学竞赛试题分类解析. 平面几何	2022-09	38.00	1557
历届全国初中数学竞赛试题分类解析. 组合	2022-09	38.00	1558

联系地址:哈尔滨市南岗区复华四道街 10 号　哈尔滨工业大学出版社刘培杰数学工作室

网　　址:http://lpj.hit.edu.cn/

邮　　编:150006

联系电话:0451-86281378　　13904613167

E-mail:lpj1378@163.com